E-Book inside.

Mit folgendem persönlichen Code können Sie die E-Book-Ausgabe dieses Buches downloaden.

```
42jy6-p56r0-
18300-ky14a
```

Registrieren Sie sich unter
www.hanser-fachbuch.de/ebookinside
und nutzen Sie das E-Book
auf Ihrem Rechner*, Tablet-PC
und E-Book-Reader.

Der Download dieses Buches als E-Book unterliegt gesetzlichen Bestimmungen bzw. steuerrechtlichen Regelungen, die Sie unter www.hanser-fachbuch.de/ebookinside nachlesen können.
* Systemvoraussetzungen: Internet-Verbindung und Adobe® Reader®

Leemann
**Die 30 Erfolgsgeheimnisse
der Top Manager**

Niklaus Leemann

Die 30 Erfolgs-geheimnisse der Top Manager

HANSER

Der Autor:
Niklaus Leemann

Alle in diesem Buch enthaltenen Informationen wurden nach bestem Wissen zusammengestellt und mit Sorgfalt geprüft und getestet. Dennoch sind Fehler nicht ganz auszuschließen. Aus diesem Grund sind die im vorliegenden Buch enthaltenen Informationen mit keiner Verpflichtung oder Garantie irgendeiner Art verbunden. Autor(en, Herausgeber) und Verlag übernehmen infolgedessen keine Verantwortung und werden keine daraus folgende oder sonstige Haftung übernehmen, die auf irgendeine Weise aus der Benutzung dieser Informationen – oder Teilen davon – entsteht.
Ebenso wenig übernehmen Autor(en, Herausgeber) und Verlag die Gewähr dafür, dass die beschriebenen Verfahren usw. frei von Schutzrechten Dritter sind. Die Wiedergabe von Gebrauchsnamen, Handelsnamen, Warenbezeichnungen usw. in diesem Werk berechtigt auch ohne besondere Kennzeichnung nicht zu der Annahme, dass solche Namen im Sinne der Warenzeichen- und Markenschutz-Gesetzgebung als frei zu betrachten wären und daher von jedermann benutzt werden dürften.

Bibliografische Information der Deutschen Nationalbibliothek:
Die Deutsche Nationalbibliothek verzeichnet diese Publikation in der Deutschen Nationalbibliografie; detaillierte bibliografische Daten sind im Internet über http://dnb.ddb.de abrufbar.

Dieses Werk ist urheberrechtlich geschützt.
Alle Rechte, auch die der Übersetzung, des Nachdruckes und der Vervielfältigung des Buches, oder Teilen daraus, vorbehalten. Kein Teil des Werkes darf ohne schriftliche Genehmigung des Verlages in irgendeiner Form (Fotokopie, Mikrofilm oder ein anderes Verfahren) – auch nicht für Zwecke der Unterrichtsgestaltung – reproduziert oder unter Verwendung elektronischer Systeme verarbeitet, vervielfältigt oder verbreitet werden.

© 2019 Carl Hanser Verlag GmbH & Co. KG, München
www.hanser-fachbuch.de
Lektorat: Damaris Kriegs
Herstellung: Björn Gallinge
Satz: Kösel Media GmbH, Krugzell
Coverrealisation: Stefan Rönigk
Druck und Bindung: Friedrich Pustet GmbH & Co. KG, Regensburg
Printed in Germany

Print-ISBN: 978-3-446-45816-1
E-Book-ISBN: 978-3-446-45966-3
E-Pub-ISBN: 978-3-446-46091-1

Die in diesem Buch dargestellten Inhalte sind inspiriert durch den Erfahrungsschatz des Autors. Eine direkte Beziehung von bestimmten Inhaltsteilen wie etwa Anekdoten, Zitate oder Beispiele zu konkreten Personen gibt es nicht. Vielmehr handelt es sich um eine anonymisierte und abstrahierte Zusammenfassung verschiedener Eindrücke. Eventuelle Ähnlichkeiten oder mögliche Verbindungen sind daher rein zufällig.

Inhalt

Einleitung		1
Teil I	Der Executive als Leader	5
1	Führe als Coach – nicht als Kontrolleur	7
2	Lobe und tadle unmittelbar und offen	15
3	Teile den Erfolg – halte Deinen Kopf hin	23
4	Positioniere Dein Team – nicht Dich	31
5	Etabliere einen verschworenen Inner Circle	39
6	Sei Wissensmanager – nicht Wissensträger	47
Teil II	Der Executive als Stratege	55
7	Inszeniere Deine ersten 100 Tage	57
8	Richte alles Handeln nach einer Maxime	65
9	Denke strategisch vom Ende her	71
10	Denke in Szenarien und Alternativen	79
11	Riskiere viel und ergreife die Initiative	89
12	Veröffentliche Deine Strategie – verschweige Deine Taktik	95
Teil III	Der Executive als Rhetoriker	103
13	Rede wenig – höre zu	105
14	Schaffe Ordnung in Besprechungen	111
15	Rede über die Zukunft – nicht über die Gegenwart	117
16	Sprich lauter als die anderen	121
17	Pflege Dein eigenes Vokabular	127
18	Begünstige die Legendenbildung	131

Teil IV	Der Executive als Netzwerker	137
19	Sei interessant und humorvoll	139
20	Vernetze Dich mit den Richtigen	147
21	Stehe für eine Sache ein	155
22	Sei Teil des Clubs	159
23	Setze die Familie als Botschafter ein	167
24	Halte eine Geheimarmee vor	173
Teil V	Der Executive als Persönlichkeit	179
25	Bleib offen und kritikfähig	181
26	Vertrete Deine Werte	187
27	Wirke nahbar	191
28	Zeige Größe bei Niederlagen	197
29	Achte auf Dein Aussehen	203
30	Finde einen Ausgleich	209

Der Autor 215

Einleitung

Seit Jahren beschäftige ich mich als Strategy Advisor mit der strategischen Entwicklung verschiedenster Organisationen – vom großen Mittelständler bis hin zum börsennotierten Konzern. Welche Geschäftsfelder werden strategisch priorisiert? Wie werden mehr Wachstum und mehr Profitabilität generiert? Welche Produkte, Angebote oder Geschäftsmodelle sind im Fokus? Welche Trends tragen das Geschäft in die Zukunft? Welche Positionierung wird in der Wertschöpfungskette eingenommen? Wie wird die Organisation strukturell aufgestellt? Wie gelingt eine umfassende Transformation? Während die Festlegung dieser Dinge eine Pflicht für jede Organisation darstellt, liegt die Kür in der richtigen Implementierung. Dafür werden erfolgreiche Manager benötigt.

Doch was macht einen erfolgreichen Manager aus?

Durch meine Tätigkeit hatte ich intensiven Kontakt mit über 200 Top Managern, Vorständen, CEOs und CFOs. In dieser Rolle erhielt ich umfassende Einblicke in die erfolgskritischen Verhaltens- und Handlungsmuster dieses Personenkreises. Es hat sich dabei eine wichtige Eigenschaft herauskristallisiert, die wirklich erfolgreiche Manager von anderen Managern differenziert: Ihr positives Mindset gegenüber ihren Mitarbeitern, ihrer Organisation und ihrem Umfeld – Sie tragen die Organisation, statt sich von der Organisation tragen zu lassen. Sie befähigen Menschen, statt sie zu befehligen. Sie vernetzen sich, statt sich abzugrenzen. Sie begeistern andere Menschen, statt sie einzuschüchtern. Sie suchen den langfristigen Erfolg statt den kurzfristigen Abschluss.

Die Motivation für dieses Mindset liegt nicht etwa im Gutmenschentum, sondern in der Überzeugung, dass die eigene Einstellung und Haltung gegenüber anderen erfolgskritisch für die Organisation und die eigene Karriere ist. Die verschiedenen Aspekte dieses Mindsets sind in diesem Buch als die 30 Erfolgsgeheimnisse der Top Manager zusammengetragen.

Was bedeutet in diesem Zusammenhang *Erfolg*? Diesen alleine am finanziellen Erfolg auszumachen, wäre zu kurz gegriffen. Viele Manager haben großen finanziellen Erfolg, ohne dass sie selbst einen wesentlichen Beitrag dazu leisten. Wenn ein Unternehmen etwa historisch begründet über ein absolut einzigartiges Asset verfügt oder sich in einer faktischen Monopolsituation befindet, braucht es keinen herausragenden Manager, um finanziellen Erfolg einzufahren. Umgekehrt kann in sehr schwierigen Marktbedingungen schon die einfache Sicherstellung der nachhaltigen Existenz als erfolgreich gewertet werden.

Der Erfolg eines Managers wird in diesem Buch daher so definiert: Wenn der Zustand der Organisation nach der Amtszeit des Managers besser ist als davor, war er erfolgreich. Dieser Zustand misst sich nicht nur an den Finanzen – das ist eher eine Momentaufnahme –, sondern zusätzlich auch an der Motivation der Mitarbeiter, dem Wert der Beziehungen zu den Geschäftspartnern oder der Reputation am Markt und in der Gesellschaft, also den Faktoren, die eine langfristige Existenz der Organisation sichern.

Um einen nach dieser Definition erfolgreichen Manager von anderen Managern zu unterscheiden, etabliert dieses

Buch den *Executive*. Er ist die Persona, die das porträtierte Mindset in den folgenden Kapiteln verkörpert. Demgegenüber stehen die neutralen Begriffe *Manager* oder *Führungskraft*, womit die entsprechende Rolle gemeint, aber keine Wertung der Leistung einhergeht. Schließlich wird, wie in der Managementliteratur üblich, der Begriff *Organisation* als Überbegriff für eine zu führende Einheit genutzt und steht damit stellvertretend beispielsweise für ein Unternehmen, eine Business Unit, eine Abteilung, eine NGO oder eine politische, kulturelle oder sportliche Institution.

Die Anforderungen an den Executive sind sehr vielseitig. Er muss Qualitäten als Leader, Stratege, Rhetoriker, Netzwerker und Persönlichkeit aufweisen. Entsprechend sind die Kapitel dieses Buches in diese fünf Schwerpunkte gegliedert.

Inhaltsboxen ergänzen und veranschaulichen den Inhalt zusätzlich:

 Executive Summary – fasst das Erfolgsgeheimnis am Kapitelanfang für den Schnellleser zusammen.

 Originalton – präsentiert eine übliche Aussage des Executives zum Erfolgsgeheimnis als Zitat.

 Beispiel – illustriert die Erfolgsgeheimnisse an einer beispielhaften Organisation oder Ausgangslage.

 Best Practice – zeigt jeweils eine Spielart, wie der Executive ein Erfolgsgeheimnis konkret umsetzt.

 Checkliste – listet die wichtigsten Punkte für die praktische Umsetzung des Erfolgsgeheimnisses.

Der Nutzen für den Leser liegt in der Reflexion der Erfolgsgeheimnisse auf das eigene Führungsverhalten und damit seine Weiterentwicklung als Führungspersönlichkeit. Die in diesem Buch präsentierten Erfolgsgeheimnisse gelten für alle möglichen Führungsrollen, vom Manager eines Unternehmens oder einer NGO über den Abteilungs- oder Teamleiter, den Kommunalpolitiker bis hin zum Fußballclubpräsidenten. Überall, wo Führung stattfindet, sind die Erfolgsgeheimnisse anwendbar. Die Erfolgsgeheimnisse sind ein kumuliertes Best-of von einem sehr großen Sample. Keine Sorge: Niemand erfüllt komplett alle Regeln genau so wie in diesem Buch dargestellt. Sie sind als Ideale zu verstehen. Doch je mehr davon angewendet werden, desto erfolgversprechender ist die Führungsaufgabe.

Niklaus Leemann, Frühjahr 2019

Inklusionsverweis

In diesem Buch wird aus Gründen der besseren Lesbarkeit die männliche Schreibweise von Manager, Mitarbeiter, Geschäftspartner und so weiter verwendet. Damit sind natürlich immer auch Managerinnen, Mitarbeiterinnen, Geschäftspartnerinnen und so weiter gemeint.

Teil I
Der Executive als **Leader**

1 Führe als Coach – nicht als Kontrolleur

- Der Executive sieht sich in der Führung seiner Mitarbeiter als Coach, der sein Team mit viel Freiraum, aber auch mit einer klaren ergebnisorientierten Zielsetzung führt.
- Dieser Ansatz verlangt eine individuelle Auseinandersetzung mit den Fähigkeiten, Zielen und Motivationen der Mitarbeiter, um die richtige Person am richtigen Ort einsetzen zu können.
- Die Vorgehensweise differenziert sich wesentlich von den Methoden anderer Manager, die ihre primäre Aufgabe im Kontrollieren ihrer Mitarbeiter sehen.

„Vertrauen ist gut, Kontrolle ist besser" ist eines der am häufigsten genannten Führungsprinzipien. Es ist so einprägsam und knackig, dass es einfach gelten muss. Viele Manager glauben, dass nur naive „Greenhorns" ihren Mitarbeitern blind vertrauen, und sehen einen wesentlichen Teil ihrer Führungsrolle daher im Kontrollieren. Besonders wenn einmal etwas schiefgelaufen ist, wenn ein Mitarbeiter einen Fehler gemacht hat, wird dem verantwortlichen Manager oft vorgeworfen, er sei zu lasch mit dem Kollegen umgegangen und der Fehler sei Ausdruck eines Führungsversagens. „Ist die Katze aus dem Haus, tanzen die Mäuse auf dem Tisch" ist die Überzeugung und das Menschenbild dieser Führungskräfte. Sie denken: „Ohne Chef läuft nichts."

Das ist völliger Unsinn! Die Aufgaben des Managers in der Mitarbeiterführung sind um einiges komplexer und umfassender. Wer seine Führungsaufgabe als reines „Kontrollieren" oder gar noch als „Antreiben der Mitarbeiter" versteht, ist gänzlich als Manager ungeeignet und wird seine Organisation nicht zu nachhaltigem Erfolg führen können.

Der Executive hat bei der Führung seiner Mitarbeiter ein ganz anderes Mindset. Er versteht sich als „Coach". Er steht an der Seitenlinie mit einem Blick aufs gesamte „Spiel". Die Stärken und Schwächen seiner Mitarbeiter kennt er in- und auswendig. Dies ermöglicht ihm, jeden Mitarbeiter an der richtigen Position einzusetzen und, wenn nötig, auch auszuwechseln. Jeden Mitarbeiter schickt er mit konkreten Zielsetzungen los und paart ihn mit genügend Freiraum in der Umsetzung, jedoch auch mit Verbindlichkeit im Ergebnis. Er trainiert seine Mitarbeiter weitsichtig, begleitet und fördert sie in ihrer Entwicklung. Auch arbeitet er an der Weiterentwicklung des Teams, holt neue Mitarbeiter rein, lässt andere gehen.

Dieses Mindset pflegt der Executive nicht etwa aus irgendeiner intrinsischen Überzeugung, sondern weil er weiß, dass er damit deutlich mehr Leistung aus seiner Organisation abrufen kann. In der „Kontrollieren"-Methode arbeiten die Mitarbeiter fleißig alle vereinbarten Aufgaben ab, um bei der Kontrolle später keine Probleme zu bekommen. Anders die Mitarbeiter des Executives: Sie werden befähigt, ihre Aufgaben weiter zu denken. Weil sie eben in erster Linie selbst verantwortlich für ihre Themen sind, gehen sie über die vereinbarten Aufgaben hinaus und bringen damit selbstständig und mit hoher Motivation mehr

Leistung. Die Aufgabe des Executives in diesem Prozess ist es, einen Rahmen zu geben, um seine unterschiedlichen Mitarbeiter zu koordinieren, damit sich alle auf einen gemeinsamen und sinnvollen Gesamtpfad begeben. Das richtige Mindset besteht aus einer proaktiven und umsichtigen Mitarbeiterführung und vermeidet so gänzlich den Bedarf nach stetiger Kontrolle.

Die Rolle als Coach füllt der Executive in den verschiedensten Führungssituationen aus. Diese können sehr individuell und unterschiedlich nach Senioritätslevel, Branche, Kultur, Größe der Organisation oder persönlicher Beziehung zum Mitarbeiter sein. Gemeinsam ist jedoch diesen Führungssituationen, dass der Executive die folgenden vier konkreten Prinzipien individuell anwendet:

1. Skill Set des Mitarbeiters laufend evaluieren und entwickeln

Die konkreten Fähigkeiten, die Stärken und Schwächen seiner Mitarbeiter zu kennen, gehören zu den Kernaufgaben in der Mitarbeiterführung. Das identifizierte Skill Set ist die Basis bei der Entscheidung, mit welchen Zielen und Aufgaben ein Mitarbeiter losgeschickt werden kann. Alle Stärken müssen genutzt und abgerufen werden, anstatt einige davon einfach brachliegen zu lassen. Dies würde sowohl das Potenzial des Mitarbeiters für die Organisation verschwenden als auch seine Motivation bremsen. Die Schwächen zu kennen ist genauso wichtig. Sie zeigen mögliche Risiken auf, die frühzeitig vermieden oder zumindest antizipiert werden können.

Die Evaluation des Skill Sets muss in die Tiefe gehen und laufend aktualisiert werden. Der Executive begnügt sich nicht mit der Fortschreibung des Status quo. Er befördert die Weiterentwicklung jedes Mitarbeiters. Welche Stärken können gefestigt werden? Wie können Schwächen abgebaut werden? Welche Anforderungen stellt die Entwicklung der Organisation und des Umfelds an den Mitarbeiter? Diese Themen werden mit dem Mitarbeiter regelmäßig diskutiert und mit konkreten Maßnahmen angegangen.

2. Ziele und Motivationen kennen und nutzen

Der Executive versetzt sich in der Mitarbeiterführung bewusst in die Perspektive seines Mitarbeiters. Was ist die ganz persönliche Sicht des Mitarbeiters auf seine Tätigkeit in der Organisation? Was erwartet er von der Position? Wohin möchte er sich persönlich und sein Skill Set entwickeln? Was sind seine Ambitionen? Welche strategischen Meilensteine hat der Mitarbeiter – vielleicht sogar außerhalb der Organisation?

In einem guten Führungsverhältnis werden diese Aspekte im vertraulichen Rahmen offen angesprochen und diskutiert. Der Executive begleitet in seiner Rolle als Coach seinen Mitarbeiter aktiv in der Realisierung seiner persönlichen Ziele. Er schafft damit ein tiefes Vertrauens-, aber auch Abhängigkeitsverhältnis. Zudem stärkt er damit den Mitarbeiter und transferiert seinen Drive auf die Organisation.

Der Executive kombiniert die Ziele seiner Mitarbeiter gekonnt mit den Zielen der Organisation in einer subtilen Form von „Zuckerbrot und Peitsche". Dem Mitarbeiter werden zum Beispiel neue Verantwortungsbereiche oder eine neue Position nicht geschenkt, sondern sie werden früh in Aussicht gestellt, um ihn zu einem bestimmten Handeln zu bewegen. Mit Erfolgen beim nächsten beruflichen Meilenstein qualifiziert sich der Mitarbeiter für die nächste Aufgabe und für die nächste und so weiter. Der Executive arbeitet mit den Zielen seiner Mitarbeiter, um große Dinge in der Organisation durch die Mitarbeiter bewegen zu können.

„Ich werde bald den Vorstand neu zusammenstellen. Mit einem Erfolg bei diesem kritischen Projekt qualifizierst Du Dich als valider Kandidat dafür." ∎

3. Individualität empathisch erkennen

Nicht alle Mitarbeiter wollen berufliche Karriere machen. Sie werden durch andere Ziele und Motivationen geleitet, die durchaus aber auch mit ihrer Arbeit und der Organisation zu tun haben. Die meisten Fachkräfte beispielsweise haben das berechtigte intrinsische Bedürfnis, ein fachlich hochstehendes Produkt zu produzieren oder eine solche Dienstleistung zu erbringen – nicht etwa aus Gründen des Unternehmenserfolges, sondern schlicht aufgrund ihres beruflichen Selbstverständnisses. Natürlich gibt es auch private Bedürfnisse mit einer Auswirkung auf die Arbeit in der Organisation. Ein verlässlicher Feierabend oder ein freier Wochentag werden oft der Chance auf eine Karriere im Unternehmen vorgezogen.

Obwohl der Executive per Definition selbst sehr karriereorientiert ist, erkennt und versteht er diese alternativen Bedürfnisse seiner Mitarbeiter und kann sich empathisch auch in diese Dinge hineinversetzen. Genauso wie bei karriere- oder erfolgsorientierten Zielen nutzt er seine Erkenntnisse als Werkzeuge in seiner Führung. In vielen Fällen handelt es sich auch um günstig umsetzbare Bedürfnisse, wie zum Beispiel flexible Arbeitszeiten, Wünsche hinsichtlich der Büroeinrichtung oder IT bis hin zu Wünschen rund um die Kantine und Teeküche.

4. Passende Personen in der passenden Position

Aus den Beobachtungen und den Gesprächen mit dem Mitarbeiter sowie aus der Kenntnis von Skill Set, Zielen, Motivation und individuellen Bedürfnissen macht sich der

Executive in regelmäßigen Abständen ein aktuelles Bild von seinen Mitarbeitern. Dieses Bild gleicht er mit den Anforderungen seiner Organisation ab und versucht, jeden Mitarbeiter dort zu platzieren, wo er am meisten Mehrwert liefern kann.

Dieser Abgleich ist nicht eindimensional. Es gibt nicht einfach nur gute und schlechte Mitarbeiter. Vielmehr ist es so, dass jede Position individuelle und verschiedenste Anforderungen aufweist, die auf einen Mitarbeiter genau passen und auf einen anderen vielleicht nicht. Dieser aber wiederum genau der richtige Kandidat für eine weitere Position ist.

Hersteller in neuer Marktdynamik

Ein Hersteller von Spezialwerkzeug für Elektroinstallateure hat sich im letzten Jahrzehnt durch qualitativ hochstehende Produkte und ein durch die Baukonjunktur angetriebenes Marktwachstum von einem mittelgroßen Familienunternehmen zu einem kleinen Konzern entwickelt.

Die Managementstrukturen haben sich diesen neuen Realitäten wenig angepasst. Das Unternehmen wird noch heute wie ein Familienunternehmen geführt. Man kennt sich. Nicht selten wurden die Führungspositionen eher als Dienstaltersgeschenk statt aufgrund von Qualifikation vergeben. Der CFO beispielsweise hat seit seiner kaufmännischen Ausbildung im Unternehmen keine Weiterbildung besucht und durchdringt viele Sachverhalte fachlich nicht richtig.

Nun wird das Umfeld rauer. Das in der Vergangenheit verlässliche Marktwachstum bleibt aus. Der Markt trägt das Unternehmen nicht mehr einfach mit. Qualitativ vergleichbare Konkurrenz aus Fernost drückt auf die Preise. Wichtige Kunden springen bereits ab.

> Die Situation erzwingt die Einstellung eines neuen CEOs. Diesem wird schnell klar, dass einige Führungskräfte nicht genügend qualifiziert sind für diese Herausforderungen. Schlechte Ergebniszahlen erzeugen einen hohen Handlungsdruck.
>
> Nach einer intensiven Kennenlernphase erwirkt der CEO mehrere Personalrochaden. Schlüsselpositionen werden größtenteils mit qualifizierten externen Kandidaten besetzt. Statt die Vorgänger zu entlassen, findet der CEO für die meisten eine neue Position, die ihren Qualifikationen besser entspricht.
>
> Der CEO vermeidet damit, das Unternehmen nebst der finanziellen auch noch in eine kulturelle Krise zu stürzen. Alle bisherigen Führungskräfte konnten gesichtswahrend umbesetzt werden. Die Organisation verliert keine Expertise und Erfahrung, wird aber den Herausforderungen entsprechend professioneller aufgestellt.

Die Anforderungen der Organisation sind in einem andauernden Veränderungsprozess. Es gibt neue Technologien. Märkte und Kunden stellen die Organisation vor neue Herausforderungen. Die Organisation gewinnt oder verliert an Größe. Die verschiedensten Impulse führen dazu, dass Positionen neu besetzt werden müssen. Der Executive hält dies stets im Auge mit dem Ziel, seine Mitarbeiter proaktiv immer auf den richtigen Weg zu schicken, statt abzuwarten, bis Probleme entstehen.

Auch den besten Executives misslingt manchmal der Coaching-Ansatz, und sie verfallen ins Kontrollieren. Dies kann ausgelöst werden durch eine Krisensituation oder durch hohen Zeitdruck, bei einem Thema Fortschritte zu erzielen. Dies sind Momente, in denen sich die wahre Führungsqualität zeigt. Der Executive muss einen kühlen Kopf bewahren und sollte von seinen grundsätzlichen Prinzipien nicht abweichen. Auch als Coach ist es möglich, in herausfordernden Situationen „enger" zu coachen, sich stärker einzubringen, um ein kurzfristiges Resultat zu erzielen. Wichtig ist in solchen Fällen, anschließend wieder auf den Standardmodus zurückzuschalten.

Ein anderer Grund für ein Misslingen des Coaching-Ansatzes ist fehlendes Vertrauen. Wenn davon auszugehen ist, dass Anreize und Freiräume ausgenutzt werden, funktioniert der Ansatz nicht. In diesen Fällen setzt sich der Executive eine Frist, um gegenseitiges Vertrauen aufzubauen, zieht aber bei anhaltend fehlendem Vertrauen auch die Reißleine und trennt sich vom entsprechenden Mitarbeiter.

2 Lobe und tadle unmittelbar und offen

- Eine ausgeprägte Feedbackkultur ist ein wesentlicher Treiber der Mitarbeitermotivation und damit auch der Performance der gesamten Organisation.
- Oberstes Ziel ist dabei, dass jeder Mitarbeiter stets ein aktuelles, objektives und ungeschminktes Bild von der Einschätzung seiner Performance hat.
- Der Executive verbindet sein Feedback mit einer umfassenden Reflexion der Eindrücke, sodass in Zukunft Positives gestärkt und Negatives minimiert wird.

Ein gesundes Führungsverhältnis zwischen Mitarbeiter und Vorgesetztem verlangt eine ausgeprägte Feedbackkultur. Jeder Mitarbeiter muss ein klares und differenziertes Bild darüber haben, wie er vom Vorgesetzten eingeschätzt wird. Es gibt für einen Mitarbeiter nichts Schlimmeres und für seine Leistungen nichts Schädlicheres, als dass er über längere Zeit hinsichtlich seiner Performance im Ungewissen gehalten wird. Mitarbeiter in Ungewissheit fallen in solchen Fällen gerne mal unnötigerweise in eine Krise. Die um die Ungewissheit kreisenden Gedanken fressen wertvolle Zeit und Energie, nagen an der Leistung und führen bis hin zu unbewusst beabsichtigten Fehlern, um zumindest irgendeine Reaktion des Vorgesetzten zu provozieren.

Der Executive erachtet es daher als eine seiner ständigen Aufgaben, seinen Mitarbeitern Feedback zu geben. Er wartet sein Feedback nicht ab, bis das nächste Personalgespräch ansteht oder sich gewisse Beobachtungen häufen und sich der Eindruck damit erhärtet. Nein, sein Feedback, ob positiv oder negativ, kommt unmittelbar und offen. Meist ist dies nur ein Austausch mit dem Mitarbeiter von wenigen Minuten – wenn nötig aber wöchentlich oder zeitweise sogar in noch engeren Zeitabständen.

Mitarbeiter ehrlich und offen zu bewerten, fällt vielen Managern schwer. Besonders jüngere oder weniger erfahrene Führungskräfte haben oft Mühe bei der Dosierung von Feedback. Sie oszillieren zwischen übermäßig positivem Feedback im Wunsch nach Harmonie und guter Stimmung sowie überraschend negativem Feedback in Problemsituationen oder um ihre Stellung zu untermauern. Beides ist falsch. Die Kunst liegt in der differenzierten und stringenten Betrachtung. Diese liegt in der Regel in der Mitte und nicht in den Extremen. Feedback muss sich jedoch auch nicht immer die Waage halten. Wenn ein Mitarbeiter beispielsweise viel negative Leistung bringt, muss auch mehr negatives als positives Feedback besprochen werden. Auch in diesen Fällen gilt: Der Mitarbeiter muss immer wissen, wo er steht.

Eine gute Feedbackkultur dient als wichtiger Motivator für die Mitarbeiter. Positives Feedback bestätigt die eigene Arbeit und spornt zu neuen Taten an. Auch negatives Feedback treibt, wenn es konstruktiv vermittelt wird, den Mitarbeiter zur Verbesserung seiner Arbeit und damit zu besseren Leistungen an. In Summe ist Feedback ein entscheidender Faktor für den Erfolg einer Organisation.

Auch wenn das Feedback unmittelbar und offen erfolgen muss, darf es nicht frisch von der Leber weg kommen. Der

Effekt kann sonst schnell einmal ins Gegenteil drehen. Der Executive befolgt dabei fünf wichtige Regeln:

1. Gespräch unter vier Augen

Feedbackrunden sind eine Angelegenheit zwischen Mitarbeiter und Vorgesetztem. Es braucht ein Vertrauensverhältnis, um einen wirklich sinnvollen und befruchtenden Dialog zur Performance des Mitarbeiters führen zu können. Tabuthemen sollte es keine geben. Man muss auch kontrovers und über andere Personen sprechen können. Der Executive führt Feedbackgespräche mit seinen Mitarbeitern daher immer nur unter vier Augen. Die Anwesenheit Dritter würde den angestrebten offenen Dialog stark beeinträchtigen.

Mehr noch. Die Präsenz Dritter bei Feedbackgesprächen gilt als absolutes No-Go. Die Anwesenheit von anderen Teammitgliedern oder gar Mitarbeitern des bewerteten Mitarbeiters könnte sein Standing komplett infrage stellen und damit die Performance gesamter Bereiche gefährden. Menschlich inakzeptabel sind auch Feedbackgespräche in Anwesenheit von engen privaten Vertrauten wie Ehepartnern, Kindern oder Freunden. Einzige Ausnahme ist bei eher standardisierten Gesprächen die Anwesenheit von HR-Vertretern oder externen Personalberatern, Headhuntern und dergleichen.

2. Ungeschminkte Ehrlichkeit und konkrete Analyse

Damit das Feedback seine Wirkung erzielt, muss es absolut treffgenau sein. Verharmlosungen von inakzeptablen Fehlern oder schlechten Leistungen bringen genauso wenig wie die Glorifizierung von guten, aber im Mitarbeiterdurchschnitt liegenden Erfolgen. Jeder Mitarbeiter muss eine objektive Einschätzung seiner Performance erhalten. Er muss wissen, ob er ein „Highflyer" ist, kurz vor der Kündigung steht oder sich im guten mittleren Bereich bewegt.

Nebst den ungeschminkten Fakten muss das Feedback so konkret wie möglich sein. Es reicht also nicht, zu sagen: „Du hast eine super Leistung gebracht." Dieser Aussage muss eine konkrete Analyse dazu folgen, indem die Führungskraft anekdotisch die wichtigen Meilensteine und Entscheidungen des Mitarbeiters Revue passieren lässt: „Das hast eine super Leistung gebracht, weil du erstens eine saubere Auslegeordnung der Ausgangssituation gemacht hast, zweitens deine Handlungsalternativen priorisiert hast, drittens (...). Folgendes hat nicht so gut funktioniert, und das müsstest du das nächste Mal anders angehen: (...)".

Der Executive muss in diese Analyse ausreichend Gedanken stecken. Wieso der Aufwand? Eine reine Bewertungsaussage, positiv oder negativ, verpufft in nur kurzer Zeit und hat keinen Effekt auf die künftige Performance. Erst wenn man, angestoßen durch den Executive, die Gründe einer positiven oder negativen Leistung reflektiert, kann man Schlüsse und Learnings ziehen, die einen nachhaltigen Effekt auf die Zukunft haben.

3. Tadel immer konstruktiv

Die genannten Feedbackregeln gelten natürlich genauso für den Tadel. Es darf nichts verschwiegen oder ausgesessen werden, sondern muss offen und unmittelbar durch den Vorgesetzten auf den Tisch gebracht werden – in den besten Führungsbeziehungen bringen auch Mitarbeiter selbstkritische Themen auf den Tisch.

Jedes negative Feedback muss zwingend mit konkreten Verbesserungsmaßnahmen verbunden werden. Doch bevor diese Maßnahmen thematisiert werden, müssen sich Mitarbeiter und Vorgesetzter über das negative Feedback einig sein. Wenn beispielsweise der Mitarbeiter die Kritik nicht akzeptiert und die eigene Performance deutlich besser interpretiert, bringt eine Diskussion über Maßnahmen noch nichts. Die erste Aufgabe im Dialog über negatives Feedback ist es also, ein gemeinsames Verständnis über die Performance zu kriegen.

Die konstruktive Kritik beginnt dann bei der Ursachenforschung. Waren für die Aufgabe nicht genügend Zeit und Ressourcen eingeplant? Funktioniert die Zusammenarbeit mit anderen Mitarbeitern oder Abteilungen nicht richtig? Fehlen dem Mitarbeiter die nötigen Fähigkeiten für den Job? Hat der Mitarbeiter nicht genügend Motivation oder Interesse an den zugewiesenen Themen? Diese Fragen dürfen nicht einseitig durch den Vorgesetzten beantwortet werden, sondern müssen im Dialog mit dem Mitarbeiter erörtert werden. So erhält man wirklich brauchbare Erkenntnisse.

Aus den Erkenntnissen folgen die entsprechenden Maßnahmen. Der Executive wendet dabei zwei unterschiedliche Taktiken an. Entweder beschließt er mit dem Mitarbeiter ein Programm zur Verbesserung der Situation. Das kann zum Beispiel ein spezifisches fachliches Training, ein Coaching durch einen anderen Kollegen oder den Executive selbst sowie die Veränderung der Ausgangslage sein, indem er etwa mehr Ressourcen zur Verfügung stellt oder die Zusammenarbeit mit anderen Personen klärt. Oder, wenn die Probleme gravierender oder über eine längere Zeit unlösbar sind, er setzt den betroffenen Mitarbeiter in einer anderen Position ein, die besser für ihn geeignet ist, und übergibt die Problemstellung einem anderen Mitarbeiter.

4. Standhaftigkeit und Verlässlichkeit

Lob und Tadel des Vorgesetzten sind sehr wichtig für die Karrieren und die persönliche Weiterentwicklung der Mitarbeiter. Nur die wenigsten Gespräche verlaufen reibungslos. Die Mitarbeiter kämpfen in den Gesprächen über die Deutungshoheit ihrer Performance. Inkonsistenzen oder schwammige Argumentationen seitens der Vorgesetzten werden meist nicht verziehen, sondern gerne einmal genutzt, um eine Evaluation grundsätzlich infrage zu stellen, um damit vielleicht eine bessere Situation für sich zu erzielen.

Dieser Problematik beugt der Executive mit einer standhaften und verlässlichen Argumentation vor. Die Messlatte muss immer gleich bleiben. Er hat eine klare, stringente Linie. Formulierte Erwartungen und spätere Beurteilungen müssen zusammenpassen. Obwohl er ein Feedbackgespräch als einen Dialog betrachtet, sind seine Bewertungen trotzdem nicht verhandelbar. Er ist verlässlich in der Härte und Klarheit seiner Beurteilungen. Seine Versprechungen gelten und dürfen auch eingefordert werden, umso vorsichtiger ist er, welche Versprechungen er macht.

5. Nutzung der HR-Standards

Jede Organisation hat einen standardisierten Prozess der Mitarbeiterbeurteilung, der in der Regel von einer HR-Abteilung verantwortet wird. Dieser Prozess ist meist sehr bürokratisch, was dem Executive eigentlich ein Dorn im Auge ist, obwohl er grundsätzlich regelmäßiges Feedback an die Mitarbeiter als absolut essenziell betrachtet.

Da der Executive mit seinen Mitarbeitern sowieso regelmäßig ausführliche Feedbackgespräche führt, kommen bei diesen standardisierten Feedbackrunden keine neuen Themen auf. Stattdessen nutzt er diese Prozesse ganz pragmatisch. Die standardisierten Mitarbeiterbeurteilungen lösen eine Reihe von Personalmaßnahmen in der Organisation aus. Sie sind Grundlage für Beförderungen oder Lohnerhöhungen sowie auch für Weiterbildungsbudgets und sonstige übergreifende Maßnahmen. Im Wissen darum, dass er in diesen Prozessen ganz bestimmte Hebel in der Organisation in Bewegung setzen kann, versucht er, den

Prozess entsprechend zu nutzen, um seine Personalagenda umzusetzen. Er positioniert seine besten Mitarbeiter für Beförderungen oder sichert sich Budgets für Personalmaßnahmen.

Der Feedbackansatz hat in Summe ein übergreifendes Ziel: Es geht darum, die Performance jedes Mitarbeiters und damit der gesamten Organisation in Zukunft zu optimieren. Jedes Gespräch, jede Maßnahme blickt zwar als Ausgangspunkt in die Vergangenheit, soll aber unmittelbar sinnvolle Handlungen nach vorne auslösen. Feedback ist keine Vergangenheitsbewältigung. Stattdessen geht es darum, für künftige Herausforderungen Positives zu stärken und Negatives so weit wie möglich zu minimieren.

3 Teile den Erfolg – halte Deinen Kopf hin

- Gute Führung holt aus einem Team mehr heraus als die Summe aller Einzelleistungen. Diese Fähigkeit unterscheidet erfolgreiche Executives von anderen Managern.
- Als Stärkung und Motivation seiner Mitarbeiter vergemeinschaftet der Executive die Erfolge der Organisation und übernimmt selbst die Verantwortung für Misserfolge.
- Der Ansatz legitimiert und stärkt die Akzeptanz einer sehr offenen Feedbackkultur, weil die Verantwortung für die gemeinsame Performance geteilt wird.

Der Erfolg einer Organisation ist nicht etwa die Summe der Einzelerfolge aller Mitarbeiter, nein. In einer gut geführten Organisation werden die Leistungen einzelner sinnvoll kombiniert, um damit mit dem gesamten Team eine deutlich höhere Wertschöpfung erzielen zu können. Eine hohe Teamperformance ist natürlich keine Selbstverständlichkeit. So wie es einen „Teambonus" in der Performance geben kann, so resultiert bei schlechter Führung eben auch ein „Teammalus". Das passiert dann, wenn sich einzelne

Mitarbeiter, statt zu ergänzen, eher im Weg stehen und sich gegenseitig paralysieren, weil sie statt als Team als konkurrierende Einzelkämpfer geführt werden. Ein Manager, der so etwas erlaubt oder gar fördert, begeht einen gravierenden Managementfehler.

Um aus seinen Mitarbeitern einen Teambonus herausholen zu können, pflegt der Executive einen ganz spezifischen Umgang mit Erfolgen und Misserfolgen in der Organisation. Er setzt auf das Selbstverständnis und die Identifikation des Teams mit der Performance der Organisation. Der Executive vergemeinschaftet dafür konsequent die Verantwortung für die Erfolge. Er stellt bewusst bei jedem Erfolg seine Mitarbeiter in den Vordergrund. Im Wissen darum ist das Team deutlich motivierter und identifiziert sich vollständig mit seinen Aufgaben.

Das Gegenstück sind die Misserfolge – es gibt sie auch in der besten Organisation. Der Executive übernimmt für jeden Misserfolg die volle Verantwortung. Auch wenn Fehler und Probleme lokalisiert werden können und es klare „Schuldige" gibt, steht der Executive hinter seinem Team und stärkt ihm den Rücken. Natürlich muss die Sachlage intern aufgearbeitet werden und müssen Konsequenzen gezogen werden. Wichtig ist aber die Gewissheit der Mitarbeiter, dass sie nicht einfach im Regen stehen gelassen werden.

„Die Kunst der Teamführung ist, aus 1 + 1 = 3 zu machen."

Die Versuchung, genau das Gegenteil zu tun, ist groß, und viele Manager können nicht widerstehen. Sie stellen sich bei Erfolgen heroisch in die erste Reihe und ziehen die gesamte Aufmerksamkeit auf sich. Bei Problemen sind sie abwesend oder haben schnell jemanden identifiziert, den sie verantwortlich machen können. Das Verhalten in solchen Situationen ist nicht nur eine Charakterfrage, sondern entscheidet auch über den nachhaltigen Erfolg. Dieser wird nur realisiert, wenn eine motivierte und selbstbewusste Organisation zusammen mit dem Executive einen Weg bestreitet. Vermeintliche Star-Manager mit großem Fokus auf Selbstmarketing hingegen haben meist eine kurze Halbwertszeit.

Wenn es um die Performance der Organisation geht, sei sie positiv oder negativ, denkt der Executive immer im „Wir" und meint damit alle seine Mitarbeiter. Es ist ein Mindset, das stark verankert sein muss und das durch viele kleine Einzelentscheidungen im täglichen Handeln Niederschlag findet. Folgende vier Routinen sind dabei typisch:

1. Erfolge zelebrieren

Der Erfolg einer Organisation ist das Ergebnis aus richtigen Entscheidungen und Handlungen sowie aus viel Arbeit und Fleiß. Auch wenn sich viele Erfolge aneinanderreihen, darf sich keine Organisation daran gewöhnen. Diese Tatsache muss sich der Executive selbst und den Mitarbeitern immer wieder vor Augen führen. Erfolge müssen entsprechend zelebriert werden.

Der Executive entwickelt dafür spezifische Routinen. Er definiert verschiedene Kategorien von Milestones, die jeweils in einer angemessenen Art und Weise gefeiert werden. Das kann im Rahmen einer ganz großen Firmenfeier erfolgen. Genauso wichtig sind aber auch simplere Dinge, wie die E-Mail an alle Mitarbeiter bei Erreichung einer bestimmten Projektphase, die Einladung zum Mittagessen bei einem gewonnenen Auftrag, die Flasche Wein bei einer besonderen Leistung und so weiter.

Kritisch dabei ist die konsequente Anwendung der Routinen. Es darf nicht passieren, dass der Erfolg eines Mitarbeiters gefeiert wird und der gleichwertige Erfolg des anderen nicht. Der Executive muss dabei absolut verlässlich sein. Die „Belohnung" für eine bestimmte Leistung muss immer gleich sein. Das gilt auch für eine längere Phase ohne nennenswerte Erfolge. In diesem Fall setzt der Executive seine Routinen auch entsprechend aus.

„Der Champagner hat gefehlt"

Eine der wichtigsten Traditionen der Finanzabteilung ist das jährlich stattfindende Mitarbeiterfest. Es findet schon seit Jahrzehnten statt und folgt seit jeher einem klar eingespielten Programm. Trotz des eher formalen Ablaufs ist der Anlass ein verlässlicher Höhepunkt im Zusammenleben in der Abteilung. Jeder Mitarbeiter freut sich darauf, man erzählt sich Geschichten und prahlt, wie oft man schon teilgenommen hat.

Das Highlight des Abends kommt jeweils gleich zum Beginn: Es wird allen Mitarbeitern Champagner ausgeschenkt. Der Finanzchef zelebriert diesen Programmpunkt, indem er zu jedem Mitarbeiter geht und auf die guten Leistungen anstößt. Er schafft es, dabei auf Floskeln zu verzichten, und findet für jeden Mitarbeiter individuelle Worte des Dankes. Jeden Mitarbeiter erfüllt dies mit Stolz.

Wie in den meisten anderen Unternehmen müssen auch hier Kosten gespart werden. Es trifft auch die Finanzabteilung. Flach über alles sollen zehn Prozent runter, ist die Ansage. Weil der Finanzchef nicht gänzlich auf sein Mitarbeiterfest verzichten möchte, spart er am Programm: Der Champagner wird gestrichen – ein großer Fehler.

> Obwohl der Anlass wie sonst sehr üppig ausfällt, ist der fehlende Champagner das Gesprächsthema des Abends. „Was ist da los?" „Haben wir was falsch gemacht?" „Mir war nicht klar, dass es uns so schlecht geht." Die negative Stimmung zieht sich sogar einige Tage, gar Wochen im Büroalltag weiter. Kein Small Talk in der Teeküche vergeht ohne einen ironischen Kommentar über den fehlenden Champagner.
>
> Im Ergebnis muss sich der Finanzchef seine Fehlentscheidung eingestehen. Er hat zwar zehn Prozent gespart, aber 90 Prozent trotzdem ausgegeben und damit einen negativen Effekt erzielt. Die bessere Lösung wäre gewesen, das Konzept für das Mitarbeiterfest komplett umzudenken, sodass die Kostenmaßnahme gar nicht auffällt. Neuer Veranstaltungsort, neues Programm, neue Uhrzeit etc. Im besten Fall spart er sogar 20 Prozent ein, realisiert aber 100 Prozent Effekt bei seinen Mitarbeitern. ∎

2. Einzelleistungen mit Gesamtleistung verbinden

Jede Organisation hat seine „Stars", die mit ihrer überdurchschnittlichen Performance allen auffallen. Ihre Leistungen sind sehr wichtig und können in vielen Fällen den Unterschied zwischen Sieg oder Niederlage bedeuten. Der Executive lobt und fördert deshalb ihre Leistungen ausdrücklich.

Nichtsdestotrotz müssen diese Leistungen im Gesamtkontext gesehen werden. Auch die erfolgreichsten Stars können ihre Stärken nicht vollständig ausspielen, wenn die Zusammenarbeit mit ihren Kollegen nicht richtig funktioniert. Der Executive streicht diese Verbindung in seiner Kommunikation besonders heraus, indem er das wichtige Zusammenspiel zwischen allen Mitarbeitern betont. Das geht auch gut, ohne die Leistungen der Stars zu minimieren. Zudem erwartet der Executive von seinen Stars, dass sie nach dem gleichen Mindset handeln.

3. Rücken stärken

Wenn der Erfolg einer Organisation unter einer schlechten Performance oder gar einem gravierenden Fehler eines bestimmten Mitarbeiters leidet, ist diese Person stark in der Schusslinie von allen Seiten. Selbst Kollegen werfen ihm die schlechten Leistungen vor, ganz abgesehen von Kunden oder anderen Geschäftspartnern.

Der Executive stellt sich in solchen Fällen vor den Mitarbeiter und nimmt ihn aus der Schusslinie. Natürlich folgt intern eine umfassende Aufarbeitung der Problemstellung, um sie in Zukunft verhindern zu können. In offener Konfrontation wird das aber nicht funktionieren. Der Executive schirmt den betroffenen Mitarbeiter in solchen Fällen ab und startet mit ihm ein individuelles Aufbauprogramm mit vielen kleinen geplanten Erfolgen, bis seine Performance sich verbessert und er mit viel Selbstbewusstsein wieder kritische Aufgaben übernehmen kann.

4. Fehlertoleranz suggerieren

Eine zu große Angst vor Fehlern kann eine Organisation in ihrer Entwicklung lähmen. Natürlich sollen Fehler so weit wie möglich vermieden werden. Wenn diese Vermeidungstaktiken aber so weit gehen, dass nichts Neues mehr ausprobiert wird, ist dieses Vorgehen der Fehler selbst.

Der Executive sieht sich als Unternehmer. Er möchte seine Organisation weiterentwickeln, besser machen, in die Zukunft führen. Weil er weiß, dass auf diesem Weg in die Zukunft auch Fehler gemacht werden, suggeriert er seinen Mitarbeitern eine Fehlertoleranz. Es ist schlimmer, wenn etwas Erfolgversprechendes nicht ausprobiert wird, als wenn dadurch potenziell ein Misserfolg erlitten wird.

Um eine Kultur einer gesunden Fehlertoleranz zu pflegen, redet er offen mit seinen Mitarbeitern über vergangene Fehler. Er diskutiert, was genau dabei schiefgelaufen ist, was man hätte besser machen können und – ganz wichtig – dass er in jedem Fall immer hinter seinen Mitarbeitern steht. Er bekräftigt seine Mitarbeiter darin, als Unternehmer zu handeln und sinnvolle Risiken einzugehen. Ein Team geht diesen Weg zusammen, spricht offen über die Risiken, teilt den möglichen Erfolg, hält bei Problemen aber auch zusammen.

Der Ansatz, Erfolge zu teilen und bei Misserfolgen den Kopf hinzuhalten, steht abschließend in direkter Verbindung zur sehr offenen Feedbackkultur des Executives. Wenn Erfolge geteilt werden und bei Misserfolgen der Vorgesetzte den Kopf hinhält, legitimiert ihn dies auch, deutlich zu werden, wenn er seine Mitarbeiter für ihre Leistungen tadeln muss. Der Executive sieht die Beziehung zu seinen Mitarbeitern eben nicht legalistisch im Sinne von: „Ich habe mit Dir einen Arbeitsvertrag, also gebe ich Dir so viel (negatives) Feedback, wie ich will." Nein, es geht um eine moralische Legitimation: „Ich halte meinen Kopf hin, werfe meine Reputation in den Ring und muss daher sicherstellen, dass auch etwas Gutes dabei herauskommt. Wenn es schiefläuft, stehe ich und nicht du blöd da." Das Feedback ist dadurch nicht abstrakt, sondern wird konkret und persönlich. Die Wirkung ist damit deutlich höher.

4 Positioniere Dein Team – nicht Dich

- Statt den Erfolg der Organisation von sich als einzelner Person abhängig zu machen, skaliert der Executive seine Schlagkraft durch die aktive Positionierung seiner Mitarbeiter.
- Diese Praxis erfordert eine kontinuierlich positive Darstellung seiner Mitarbeiter gegenüber wichtigen Stakeholdern. Er stärkt sie mit offen ausgesprochenem Vertrauen.
- Obwohl der Executive eigentlich seine Mitarbeiter und nicht sich selbst ins Zentrum stellt, wird die Wahrnehmung seines Führungsanspruchs damit sogar deutlich gestärkt.

Viele Manager sind sehr extrovertiert und fühlen sich ihrem Umfeld überlegen. Sie stellen sich selbst gerne in den Mittelpunkt und suggerieren allen, dass der Erfolg der Organisation einzig und alleine von ihnen abhängt. Die Mitarbeiter mögen zwar sehr wohl auch ein entscheidender Faktor in der Gleichung sein. Sie sind im Prinzip jedoch auswechselbare Marionetten, die ohne die richtigen Züge des Marionettenspielers orientierungslos bleiben. Wenn es darum geht, die Organisation gegenüber wichtigen Stakeholdern zu vertreten, gibt es nur einen, der das kann: den Chef.

Diese Art von Managern klagt gerne und oft darüber, dass sie „leider nicht überall sein können" oder dass sie viel mehr Geschäft machen könnten, wenn sie sich „doch nur klonen könnten". Dies zeigt – abgesehen von der problematischen Selbstüberschätzung –, dass sich mit einer Kernperson alleine keine Organisation wirklich erfolgreich führen lässt. Manager, die so denken und handeln, versäumen es, das eigentliche Potenzial aus ihren Mitarbeitern und entsprechend aus ihrer gesamten Organisation abzurufen. Je größer eine Organisation wird, desto wichtiger wird es, die eigene Schlagkraft über seine Mitarbeiter zu skalieren.

Was heißt das? Anstelle seiner selbst positioniert der Executive seine Mitarbeiter als relevante und kompetente Persönlichkeiten in der Interaktion mit wichtigen Stakeholdern wie zum Beispiel Kunden, anderen Geschäftspartnern oder auch internen Kollegen. Er nimmt sich selbst in der Wertung bewusst etwas zurück. Dafür gibt er den Stakeholdern laufend das Gefühl, bei seinen Mitarbeitern bestens aufgehoben zu sein und dass sie sowohl fachlich top sind, aber auch sein Vertrauen genießen und verbindlich in seinem Namen sprechen.

Der Executive schafft es damit, seine Ziele gleichzeitig an verschiedenen Orten zu verfolgen – skaliert über seine Mitarbeiter. Er gewinnt damit an Schlagkraft und Geschwindigkeit. Zudem entlastet er sich selbst und schafft damit Freiräume, sich um strategische und übergeordnete Themen zu kümmern, statt im hektischen und kleinteiligen operativen Alltag unterzugehen.

Die aktive Positionierung der eigenen Mitarbeiter gegenüber wichtigen Stakeholdern erfordert ein ausgeprägtes Vertrauensverhältnis zwischen dem Executive und seinen

Mitarbeitern. Dieses Vertrauen stellt sich eigentlich erst über eine längere Zeit der Zusammenarbeit ein. Der Executive startet aber in jede neue Zusammenarbeit mit einem Vertrauensvorschuss und geht bewusst ein entsprechendes Risiko ein, um schnell in einen guten Arbeitsmodus mit neuen Mitarbeitern zu kommen. Er beginnt seine Positionierungsarbeit vom ersten Tag an.

Folgende vier Verhaltensweisen des Executives sind typisch für die aktive Positionierung seiner Mitarbeiter:

1. Fan der Mitarbeiter sein

Der Executive muss immer der größte Fan von seinen eigenen Mitarbeitern sein. Er ist stolz, sie in seinem Team zu haben, und lässt dies alle Menschen um sich herum wissen. Zu jedem seiner Mitarbeiter hat er jeweils einen Elevator Pitch in petto: „Das ist meine Kollegin Frau Keller. Sie ist eine der Expertinnen für diesen Bereich. Sie hat solche Problemstellungen schon vielfach gelöst. Wir sind sehr froh, sie in unserem Team zu haben. Ich weiß, durch sie finden wir eine Lösung." Er bringt mit dieser Positionierung das Leistungsversprechen auf eine ganz persönliche Ebene und macht die Erwartungen sowohl gegenüber seinem Mitarbeiter als auch gegenüber dem involvierten Stakeholder sehr verbindlich.

Diese Vorgehensweise zwingt den Executive natürlich auch selbst in einen Leistungsdruck hinein. Jedes Team hat bessere und schlechtere Mitglieder. Die Ankündigungen des Executives werden sich nicht immer voll und ganz bewahrheiten. Trotzdem geht er diesen Weg und setzt sich und seine Mitarbeiter damit bewusst einem gewissen Leistungsdruck aus. Das zwingt ihn, sein Team jeweils so gut wie möglich aufzustellen, wo nötig anzupassen und weiterzuentwickeln, damit er weiterhin der größte Fan sein kann.

2. Pflichtenheft offen kommunizieren

Die konstante Transformation der Organisation aufgrund von neuen Realitäten, aber auch Opportunitäten im Markt ist der Schlüssel für den Erfolg. Die Mitarbeiter müssen dafür kritische und unliebsame Themen angehen. Um diese Tätigkeit zu unterstützen, macht sich der Executive selbst zum Überbringer der schlechten Nachricht, indem er das Pflichtenheft seiner Mitarbeiter allen gegenüber offen kommuniziert.

„Er muss uns alle jeden Tag mindestens einmal ärgern"

Ein Hersteller von Spezialisolierungen für Heizungsleitungen hat sich über viele Jahre eine sehr gute Marktposition erkämpft. Weil im Markt immer gute Preise durchsetzbar waren, musste die Kostenstruktur nie wirklich angefasst werden. Das hat sich durch den Markteintritt eines Wettbewerbers aus der Türkei verändert. Er ist zwar im Markt noch weitgehend unbekannt, doch die eigenen Leute beurteilen die Produktqualität hinter vorgehaltener Hand als gleichwertig. Trotzdem liegen seine Preise fast ein Drittel unter den eigenen.

Der Vorstand erkennt das Problem zum Glück frühzeitig und fasst den Beschluss, zur Stärkung der Wettbewerbsfähigkeit die Kosten in einem umfassenden Maßnahmenprogramm um 20 Prozent zu senken. Es wird dafür ein Program Management Office (PMO) unter Leitung des CFO ins Leben gerufen. Alle Abteilungen müssen die Identifikation und Umsetzung ihrer Kostenmaßnahmen an dieses PMO berichten und Rechenschaft ablegen.

> Mit der Nominierung zum Verantwortlichen für das PMO liegt eine große Last auf dem CFO. Der Vorstand hat zwar das Kostenziel gemeinsam beschlossen, doch der CFO weiß aus den letzten Budgetsitzungen, dass keiner der Kollegen wirklich geübt im Kostenmanagement ist. Er erwartet von praktisch jeder Abteilung viel Gegenwind und im Extremfall gar ein Scheitern des Projekts.
>
> Kurze Zeit nach dem Beschluss findet ein Kick-off für das Projekt statt. Alle sind versammelt, der Vorstand und alle Abteilungsleiter, die je 20 Prozent ihrer Kosten einsparen werden müssen. Der CEO nutzt die Runde, um den CFO und die PMO-Struktur richtig zu positionieren: „Wir haben uns im Vorstand einstimmig für dieses Kostenziel entschieden. Nichts tun ist keine Option. Sie kennen alle die Situation. Die Kosten müssen runter, sonst gibt es uns in fünf Jahren nicht mehr. Wir werden das schaffen. Ich erwarte von Ihnen, dass Sie alle liefern. Keine Abteilung wird geschont. Die Verantwortung trägt der CFO. Sie berichten in dieser Sache an ihn. Er ist am besten geeignet für diese Aufgabe und hat mein vollstes Vertrauen dafür. Sein Auftrag ist es, hart zu sein, mindestens einmal am Tag muss er jeden von uns mindestens einmal ärgern."
>
> Zwölf Monate später waren Kostensenkungspotenziale von etwas über 20 Prozent identifiziert. Die Hälfte davon war bereits realisiert, die andere Hälfte auf gutem Weg. Durch die aktive Positionierung des CEOs hatte der CFO das entsprechende Standing, um das Projekt zum Erfolg zu führen.

Wenn ein Mitarbeiter zum Beispiel dafür verantwortlich gemacht wird, Kosten zu sparen oder einen Prozess zu straffen, vermittelt der Executive allen betroffenen Personen unmissverständlich, dass diese Maßnahme unumgänglich ist, er sie veranlasst hat und der Mitarbeiter sein vollstes Vertrauen für die Umsetzung hat. Er nimmt mit dieser Positionierung den Mitarbeiter bewusst aus der Schusslinie und ermöglicht ihm so weit wie möglich eine zügige operative Umsetzung der Maßnahme.

3. Bühne überlassen

Kern der aktiven Positionierung seiner Mitarbeiter ist es, sie in den Mittelpunkt des Interesses zu stellen. Wenn sich der Vorgesetzte trotz anderer Positionierungsmaßnahmen immer noch selbst in kritischen Situationen in den Vordergrund rückt, verpufft der Effekt größtenteils. Das ist der Grund, wieso der Executive seinen Mitarbeitern für ihre klar zugeteilten Themen ganz bewusst die Bühne überlässt. Das kann so weit gehen, dass er auch bei wichtigen Meetings sogar abwesend bleibt, dafür aber seinem Mitarbeiter auch ein klares Entscheidungsmandat übergibt.

Diese Vorgehensweise wird immer flankiert durch ein intensives Coaching im Hintergrund. Besonders zu Beginn einer Zusammenarbeit sind solche Situationen in einer umfassenden Vor- und Nachbereitung festgehalten. Wenn der Executive abwesend bleibt, stellt er sicher, dass er im Hintergrund mitentscheiden kann. Wichtig ist die Wirkung nach außen. Damit die Skalierung des Teams klappt, müssen die Stakeholder den Mitarbeiter als Gesprächspartner auf Augenhöhe akzeptieren. Das funktioniert nur, wenn der Mitarbeiter vom Executive entsprechend positioniert und in den Vordergrund gestellt wird.

4. Bei Kritik den Rücken stärken

Wer in einer Organisation viel durchsetzen möchte, wird immer mal wieder auf Kritik stoßen. Sei es, weil tatsächlich etwas falsch gemacht wurde oder weil das eigene Wirken auch nicht immer allen gefallen kann. Das erfordert einen gesunden Umgang mit Kritik, das heißt ein gutes Mittel aus reflektierender Kritikfähigkeit, aber auch Verteidigungswille für die eigene Sache.

Genauso verteidigt der Executive Kritik an seinem Team. Er erachtet Kritik an seinem Team und seinen Mitarbeitern wie Kritik an ihm selbst. Da er selbst der größte Fan seiner Mitarbeiter ist, fällt seine Verteidigung oft auch etwas leidenschaftlicher aus, als wenn es um ihn selbst ginge. Für eine langfristige Beziehung zu seinen Mitarbeitern ist es wichtig, dass sie sich darauf verlassen können, dass er sie nicht fallen lässt und auch bei Fehlern immer zu ihnen steht. Das ist eine sehr wichtige Komponente ihres Selbstvertrauens und der Motivation.

Abschließend stellt sich die Frage, ob sich der Executive durch den bewussten Verzicht auf eine aktive eigene Positionierung zugunsten seiner Mitarbeiter selbst nicht schwächt. Fast jede wichtige Führungsposition ist de facto ein Schleudersitz. Wenn die Ergebnisse nicht stimmen und der verantwortliche Manager als zu schwach angesehen wird, geht es oft sehr schnell, dass er ausgewechselt wird. Deswegen muss natürlich auch ein erfolgreicher Executive darum bemüht sein, in bestem Licht gesehen zu werden.

Falsch wäre es aber eben, wie dieses Kapitel beschreibt, diese eigene Positionierung auf Kosten der Mitarbeiter zu machen. Im Gegenteil. Das eigentliche Erfolgsgeheimnis ist stattdessen, dass der Executive sein eigenes Standing eben gerade dadurch stärkt, dass er seine eigenen Mitarbeiter aktiv positioniert. Das wirkt sehr selbstbewusst, dankbar und selbstlos. Es unterstreicht damit den Führungsanspruch des Executives klar, statt dass es ihn gefährden würde.

5 Etabliere einen verschworenen Inner Circle

- Der Executive vertraut in der Umsetzung seiner Vorhaben auf einen verschworenen Inner Circle – eine inoffizielle und informelle Gruppe aus Vertrauenspersonen.
- Der Inner Circle ringt intern in kontroversen Debatten um die richtigen Lösungen für die Agenda des Executives. Nach außen wird diese geeint und konsequent durchgesetzt.
- Die Mitglieder des Inner Circles werden aus den verschiedensten Positionen der Organisation rekrutiert. Die Diversität der Organisation und die wichtigsten Fachbereiche müssen abgebildet werden.

Organisationen sind soziale Gebilde mit allen damit einhergehenden Stärken und Schwächen. Es gibt historisch gewachsene Seilschaften, Erfahrungen und Routinen. Jeder Manager hat nicht nur Freunde und Unterstützer in der Organisation. Es gibt immer auch Konkurrenten, Neider oder schlicht anders gelagerte Interessen und Personen, die eigene Ziele verfolgen und nicht an einem Strang ziehen. Der Executive versucht, politisches Geplänkel so weit wie möglich zu eliminieren oder zu umgehen. Um trotz der verbleibenden Politik in der Organisation seine Agenda durchsetzen zu können, etabliert der Executive einen verschworenen Inner Circle.

Der Executive vereint in seinem Inner Circle einige wenige Vertrauenspersonen, die ihn bei der Umsetzung seiner Vorhaben unterstützen. Die Mitglieder des Inner Circles sind nicht ausschließlich oder gar selten die ihm direkt unterstellten Mitarbeiter. Im Gegenteil, der Executive zieht den besonderen Mehrwert aus diesem Personenkreis eben gerade dadurch, dass sie über die gesamte Organisation verteilt sind. Dies verlängert seine Schlagkraft bis in die entferntesten Spitzen der Organisation, womit er den maximalen Effekt erzielen kann.

Der Inner Circle ist nichts Offizielles und nichts Formelles. Es gibt kein Aufnahmeprozedere oder eine Entlassung. Die Mitgliedschaft steht auf keiner Visitenkarte. Die Grenzen sind dynamisch. Trotzdem muss im kritischen Moment klar sein, wer dazugehört und wer nicht. Der Executive formiert dafür je nach Projekt oder Herausforderung der Organisation den Inner Circle etwas anders. So kann es sein, dass gewisse Mitglieder nicht etwa in Ungnade gefallen sind, sondern eher ihre Expertise für ein bestimmtes Thema nicht benötigt wird.

Der Inner Circle ist geprägt durch hohes internes Vertrauen und Treue, aber keine Untergebenheit. Ein Club von Jasagern bringt dem Executive nichts. Vielmehr soll der Inner Circle seine Agenda durch kontroverse Debatten aktiv formen. Die Mitglieder des Inner Circles sind dazu angehalten, die Ideen des Executives und auch der anderen Mitglieder zu challengen und andere Sichtweisen mit einzubringen. Das Ziel ist es jeweils, die besten Lösungen zu finden, auch wenn dies manchmal viel Zeit und Aufwand bedeutet. Effektivität steht klar vor Effizienz. Hat der

Inner Circle sich zu einer Lösung durchgerungen, wird diese nach außen konsequent und geeint durchgesetzt.

Ein häufiger Fehler bei der Formierung eines Inner Circles ist die Auswahl von vielen „Mini-Mes" – gleiche Denkmuster, gleiche Ausbildung, gleicher Werdegang, ja sogar gleiches Aussehen. Das führt nicht zum Erfolg und ist sogar gefährlich, da nur die eigene Perspektive gestärkt, statt gechallengt wird. Vielmehr soll der Inner Circle die Diversität der Organisation, des Marktes und der Disziplinen abbilden. Der Executive rekrutiert daher aus den acht folgenden idealtypischen Rollen seinen Inner Circle:

1. Personal Assistant

Dreh- und Angelpunkt im Büro des Executives ist der Personal Assistant (PA, früher Sekretär). Gut eingesetzte PAs werden nicht auf das Terminemachen, Briefeschreiben oder Flügebuchen reduziert, nein. Diese repetitiven Tätigkeiten werden sowieso durch die Digitalisierung bald gänzlich verschwinden.

PAs managen das Tagesgeschäft im Büro vor Ort. Sie handeln als aktive Gate Keeper. Sie kennen die laufenden Themen und Projekte auch inhaltlich mit ihren jeweiligen Herausforderungen. Daher priorisieren sie selbstständig, wer wann einen Termin beim Executive bekommt. Zur Entlastung des Executives können sie viele Anfragen selbst abfangen und direkt an die verantwortlichen Personen delegieren.

2. Büroleiter

Der Büroleiter fungiert als eine Art „Stabschef". Er führt die wichtigsten strategischen Projekte des Executives und nimmt als sein Stellvertreter am üblichen Meeting-Marathon der Organisation teil. Dazu hat er entsprechende Entscheidungsbefugnisse und reduziert somit die zeitliche Beanspruchung des Executives. Alle Gesprächspartner wissen, dass mit ihm Themen verbindlich vorbesprochen werden können.

Damit die Delegation dieser wichtigen und entscheidenden Befugnisse funktioniert und auch richtig in der Organisation aufgenommen wird, muss der Executive den Büroleiter entsprechend positionieren und stärken. Dies ist in der Regel ein Ergebnis von mehrjähriger Positionierungsarbeit seitens des Executives. Er investiert dafür viel Zeit und Geduld, um mit dem Büroleiter einen allgemein akzeptierten Gesprächspartner als Stellvertreter zu haben.

3. Veteranen

Als Allzweckwaffe gehört in jeden Inner Circle mindestens ein Veteran. Er ist schon Jahrzehnte in der Organisation, kennt die Historie genau, kennt das Schlüsselpersonal und seinen Werdegang, hat schon alle möglichen Projekte, Höhen und Tiefen miterlebt. Ihm kann keiner etwas vormachen. Der Veteran hat keine wirklichen Karriereambitionen mehr, er möchte aber seine Erfahrung und sein Wissen weiterhin einbringen. Er bietet Kompetenz und Treue und fordert im Gegenzug Respekt und Freiheiten.

Der Executive setzt ihn für kritische Projekte ein, die sowohl viel Fingerspitzengefühl als auch Durchsetzungskraft abverlangen. Besonders bei politisch heiklen Themen, zum Beispiel bei einem bevorstehenden Personalabbau oder wenn ein Teil der Organisation verkauft oder abgewickelt werden soll, ist der Veteran genau der Richtige. Er kennt alle betroffenen Protagonisten und kann deren Reaktionen vorzeitig abfangen.

Testfragen zur Auswahl von Mitgliedern des Inner Circles

- Bringt der Kandidat durch seinen fachlichen Background, seine berufliche Herkunft oder seine Erfahrungen eine neue Perspektive in den Inner Circle mit ein?
- Verfügt der Kandidat über herausragende fachliche und soziale Kompetenz? Hat er weiteres Entwicklungspotenzial?
- Ist der Kandidat in seiner aktuellen Position in der Organisation an einem relevanten Schalthebel für die Umsetzung meiner Agenda? Falls nein, kann ich ihn an einer neuen Position einsetzen?
- Pflegt der Kandidat eine konstruktive Debattenkultur? Bringt er eine eigene Meinung mit ein, ohne stur darauf zu bestehen?
- Hat sich der Kandidat in der Vergangenheit mir gegenüber integer und loyal verhalten? Traue ich ihm eine vertrauenswürdige Zusammenarbeit zu?
- Kenne ich die eigentlichen Ziele und Motivationen des Kandidaten? Sind diese vereinbar mit meiner Agenda?
- Wie ist der Kandidat in die Organisation eingebunden und wie ist er mit den anderen Managern vernetzt? Besteht die Gefahr von Interessen- und Loyalitätskonflikten?
- Wie reagieren die anderen Mitglieder des Inner Circles auf den Kandidaten? Können (ungesunde) Rivalitäten entstehen?
- Kann der Kandidat die Rolle eines bestehenden Mitglieds des Inner Circles mittelfristig übernehmen?

4. Trainees

Die meisten Organisationen haben Programme zur Förderung von Nachwuchsführungskräften. Diese sogenannten Trainees sind frisch ab Uni, gut ausgebildet, hoch motiviert, haben jedoch meist keine Berufserfahrung. Dieser Pool an Trainees ist ein idealer Rekrutierungsboden für den Inner Circle des Executives.

Der Executive wählt laufend die besten Talente aus diesem Pool aus und nimmt sie für zwei bis drei Jahre unter seine Fittiche. Er positioniert sie dann an einer strategischen Stelle in der Organisation und nimmt sie in den Inner Circle mit auf.

5. Zahlenmenschen

Die Personen mit Zugang zum Zahlenwerk der Organisation sind allen anderen immer einen Schritt voraus. Sie haben meist einen Informationsvorsprung und verfügen über die Deutungshoheit bezüglich der finanziellen Lage der Organisation. Das ist ein entscheidendes Machtinstrument, auf das der Executive nicht verzichten kann.

Er braucht daher auch ein Mitglied in seinem Inner Circle aus dem Finanzbereich. Diese Person unterfüttert die strategischen Diskussionen des Inner Circles mit einem entsprechenden Zahlengerüst und sorgt dafür, dass auch im Finanzbereich die Agenda des Executives umgesetzt wird.

6. Business-Verantwortliche

Die Agenda des Executives darf keinen abstrakten Diskurs aus dem Elfenbeinturm widerspiegeln. Es braucht die kontroverse Auseinandersetzung mit den Praktikern, die tagtäglich mit Kunden, den Märkten, dem Produkt und der Technologie zu tun haben. Daher sind diese Vertreter des operativen Geschäfts entscheidende Bestandteile eines Inner Circles. Sie tragen mit ihrer Geschäftsexpertise wesentlich dazu bei, dass praktikable und realistische Konzepte für die Organisation gefunden werden.

Die Vertreter sind zum Beispiel verantwortliche Manager für ein bestimmtes Land oder eine Region. Oder sie führen eine Produkt- oder Marktdivision, sind in leitender Funktion in Vertrieb oder Produktion. In dieser Rolle bringen sie nicht nur die nötige Expertise mit ein, sondern sie stärken durch ihren direkten Draht zum Executive auch seinen Fußabdruck in der Dezentralität der Organisation.

7. Kommunikator

Die Führung einer Organisation ist zu einem großen Teil eine Kommunikationsaufgabe. Dies gilt nicht nur für den Executive, sondern auch für alle Mitglieder des Inner Circles. Obwohl sie alle bestens vernetzt sein müssen und ein offenes Ohr in die Organisation haben sollen, braucht es ein Mitglied im Inner Circle, das sich dezidiert um das Thema Kommunikation kümmert.

Dieses Mitglied muss an leitender Stelle entweder im HR oder der Unternehmenskommunikation sitzen, um direkt in die relevanten Prozesse involviert zu sein. Der Kommunikator hat die Aufgabe, in dieser Position durch emotionale und verlässliche Kommunikation die Herzen der Mitarbeiter für die Agenda des Executives zu gewinnen.

8. Externe Berater

Schließlich kann der Inner Circle durchaus auch Mitglieder ohne einen eigentlichen Arbeitsvertrag mit der Organisation umfassen. Der Executive arbeitet meist über Jahre mit ganz bestimmten Management Consultants und Juristen zusammen, die bei kritischen Projekten ihn und die Organisation begleiten.

Diese externen Berater kennen die Organisation durch ihre jahrelange Tätigkeit vor Ort meist genauso gut wie viele Schlüsselmitarbeiter und können daher wesentlichen Mehrwert für die Organisation liefern. Der Executive setzt sie als Teil des Inner Circles wie normale interne Kollegen ein.

Bei der Rekrutierung für den Inner Circle müssen sich interne Mitarbeiter mit langjähriger Historie innerhalb der Organisation und von anderen Organisationen abgeworbene Kandidaten in etwa die Waage halten. So wird ein guter Mix aus internem Wissen und Netzwerk sowie externem frischem Wind gewährleistet. Die Internen werden über längere Zeit und laufend identifiziert und rekrutiert. Externe sind langjährige Wegbegleiter des Executives, die bei Bedarf in die Organisation geholt werden. Dabei müssen sie nicht zwingend nur aus der zuletzt geführten Organisation kommen. Executives pflegen auch ein über Jahre ausgebautes Netzwerk an potenziellen Kandidaten, die vielleicht einmal bei einer bestimmten Herausforderung infrage kommen. Ein verschworener Inner Circle ist das Ergebnis von jahrelanger Identifikation und Auswahl der passendsten Kandidaten.

6 Sei Wissensmanager – nicht Wissensträger

- Das komplexe Umfeld moderner Organisationen erfordert Spezialwissen, das sich auf unterschiedlichste Wissensträger und nicht mehr nur auf die Führungskräfte verteilt.
- Der Executive sieht sich deshalb als Manager des dezentral vorhandenen Wissens. Statt über tiefe Fachexpertise verfügt er als Generalist über einen breiten fachlichen Erfahrungsschatz.
- Als Wissensmanager schafft er einen Mehrwert, indem er einen gut koordinierten Rahmen für die Tätigkeiten der Wissensträger in der Organisation schafft.

Historisch gesehen sind die Gründer einer Organisation ihre Wissensträger. Jede Organisation wurde einmal von einer Einzelperson oder einem kleinen Personenkreis auf Basis von Wissen über eine bestimmte Technologie, ein Produkt, ein Verfahren oder einen Markt gegründet. Mit zunehmendem Wachstum der Organisation brauchte der Gründer Mitarbeiter. Diese waren grundsätzlich keine Wissensträger, sondern hauptsächlich reine Ausführungsgehilfen. Sie haben im Prinzip nur die begrenzte Kapazität des Gründers erhöht, die Organisation also mit Arbeitskraft, aber nicht mit Wissen ergänzt. Letzteres blieb in der Verantwortung des Gründers – und später des Managers.

Auch in stark gewachsenen Organisationen hat dieses Prinzip der Arbeitsteilung zwischen Managern und Mitarbeitern bis heute in vielen Fällen Bestand. Führungskräfte verfügen dort über das überlegene Wissen und geben dieses, nur wenn nötig, in verdaubaren Happen an die Mitarbeiter weiter. Besonders ausgeprägt ist diese Denke in funktional strukturierten Organisationen, also zum Beispiel nach Einkauf, Produktion, Logistik, Vertrieb und so weiter. Jeweils der Chef jeder Funktion verfügt dort über das überlegene Wissen und legitimiert so seinen Führungsanspruch.

Moderne Organisationen können nicht mehr so funktionieren. Das Umfeld ist so komplex geworden, dass es nicht mehr möglich ist, als Einzelperson alleine über überlegenes Wissen zu verfügen. Es braucht Spezialisten für Technologien, Materialien, Regulierung, Recht, Märkte, Kunden, Absatzkanäle und so weiter. Auch die Organisationsstrukturen haben sich von funktionalen auf produkt- oder marktspezifische Spartenorganisationen bis hin zu stark integrierten Matrixorganisationen entwickelt.

Der Executive sieht seine Führungsrolle in der Organisation daher auch anders. Er ist nicht mehr Wissensträger, sondern Manager des dezentral bei verschiedenen Experten, den Mitarbeitern, angesiedelten Wissens geworden. Als solcher verfügt er nicht über tiefe Fachkenntnisse in einem klar definierten Bereich, sondern über breite Erfahrungen in den unterschiedlichsten fachlichen Bereichen. Er ist ein Generalist und kein Spezialist. Seine Aufgabe ist es, die Fachexpertise so zu koordinieren, dass ein Mehrwert für die Organisation entsteht.

„Mindestens die Hälfte aller Entscheidungen, die ich treffe, verstehe ich maximal oberflächlich. Ich muss auf die Empfehlungen meiner Spezialisten vertrauen können."

Die Rolle als Wissensmanager erfordert folgende vier Führungsmethoden und -herangehensweisen, mit denen der Executive einen gut koordinierten Rahmen für die Tätigkeiten der Wissensträger schafft:

1. Ergebnisse vorgeben und challengen

Fachlich ist der Wissensmanager den Wissensträgern per Definition immer unterlegen. Es ergibt daher für den Executive keinen Sinn, alle Fachthemen in der Tiefe verstehen zu wollen und sich alle Details von seinen Mitarbeitern erklären zu lassen. Im Zweifel würde er bei Letzteren sogar den Fortschritt wichtiger Projekte ausbremsen, weil er als Fachfremder immer mühsam mitgezogen werden müsste.

Stattdessen führt der Executive seine Mitarbeiter nach Zielen. Das heißt, er gibt konkrete und messbare Ergebnisse oder Meilensteine vor, die bis zu einem bestimmten Zeitpunkt erreicht werden müssen. Während er auf die Erreichung dieser Ziele grundsätzlich besteht, ist er umso flexibler beim Weg dahin. Er lässt seinen Mitarbeitern bei der Gestaltung ihrer Arbeit so viele Freiheiten wie möglich.

Er sieht jedoch seine Aufgabe darin, seine Mitarbeiter in ihrer Arbeit regelmäßig herauszufordern. Dabei lässt er sich die Arbeitsergebnisse präsentieren und hinterfragt diese aus seiner eher externen Perspektive kritisch. Sind die Schlussfolgerungen plausibel? Welche Alternativen gibt es? Sind die nächsten Schritte zu ambitioniert, zu bescheiden? Welche weiteren Abklärungen sind nötig (der Klassiker: „Ich will die Zahlen, Daten, Fakten – ZDF")? Welche Ideen oder Anstöße könnte ich noch geben? Solche

Sitzungen haben den Anspruch, einen Mehrwert zu stiften, das Thema ein Level weiter zu bringen. Sie dürfen nicht zu bürokratischen Abnicksitzungen werden.

2. Entscheidungen delegieren

Der Executive hat nicht den Anspruch, formell selbst alles entscheiden zu müssen. Viel wichtiger ist es ihm, dass die richtigen Entscheidungen in der Organisation getroffen werden – egal wo, egal von wem.

Wenn die eigenen Mitarbeiter in bestimmten Fachbereichen über besseres Wissen und umfassendere Erfahrungen als ihr Vorgesetzter verfügen, müssen sie so weit wie möglich in den Entscheidungsprozess mit einbezogen werden. Der Executive geht bei diesem Ansatz noch einen Schritt weiter und delegiert gar viele Entscheidungen weitestgehend an seine Mitarbeiter. Die Organisation gewinnt dadurch an Entscheidungsqualität und vor allem auch an Zeit, weil langwierige Entscheidungsprozesse dadurch abgekürzt werden können.

Die Delegation von Entscheidungen darf jedoch nicht ohne einen Rahmen erfolgen. Dafür muss der Executive seine Mitarbeiter befähigen, die Gesamtzusammenhänge der Organisation zu verstehen. Welche Prioritäten hat die Organisation? Liegt der Fokus beispielsweise auf Kosten oder auf Geschwindigkeit in der Umsetzung? Welche Interdependenzen gibt es zwischen den Tätigkeiten und Projekten der unterschiedlichen Teams? Und so weiter.

In vielen Fällen bleibt der Executive informell trotzdem involviert. Insbesondere bei isolierten fachlichen Fragestellungen vertraut er jedoch auf die bessere Entscheidungsqualität seiner Mitarbeiter.

3. Lose Enden verknüpfen

Wenn die unterschiedlichen Teams und Mitarbeiter in einer Organisation jeweils in der Tiefe an ihren spezifischen Fragestellungen arbeiten, entstehen zwangsläufig Silos. Keiner schaut mehr nach links und rechts. Der Executive muss als Person, die über diesen Silos steht, laufend sinnvolle Verbindungen zwischen den Teams herstellen. Er muss die losen Enden verknüpfen.

Statt seine Zeit also auf ein Detailverständnis der einzelnen Fragestellungen seiner Mitarbeiter zu investieren, versucht er eher, die Probleme und Bedürfnisse grob zu erkennen. Gibt es ein Problem, das auch schon andere Mitarbeiter hatten? Brauche ich einen Zugang zu bestimmtem Wissen, einer Person oder Organisation? Gibt es Kapazitätsengpässe? Oft gibt es für solche Probleme Lösungen innerhalb der Organisation: „Geh mal auf den Simon zu. Der hatte ein ähnliches Problem und konnte es so und so lösen. Der wird dir weiterhelfen."

Die Lösung kann aber auch außerhalb der Organisation gefunden werden. Als aktiver Netzwerker nutzt der Executive natürlich auch seine externen Kontakte intensiv, um die Organisation weiterzubringen: „Ich habe mich mit Merz getroffen. Die wollen mit uns zusammenarbeiten, um eine Allianz gegen die Chinesen zu bilden. Lass uns mit denen nächsten Monat einen Workshop machen."

Schließlich erwartet der Executive auch von seinen Mitarbeitern selbst, dass sie diese losen Enden verknüpfen. Sie müssen, wo und wie immer möglich, die Silos überwinden und auch ohne Hinweise des Executives reibungslos zusammenarbeiten. Er ist im Prinzip nur zusätzlicher Ideengeber und Moderator der Zusammenarbeit.

4. Wissensportfolio optimieren

Der Bedarf und die Anforderungen an Wissen in einer Organisation verändern sich laufend. Die Kernkompetenzen von gestern sind heute meist wieder obsolet, dafür kommen morgen neue dazu, die wir heute noch gar nicht richtig definieren können. Der Executive versucht, das Wissensportfolio in seiner Organisation laufend an die neuen Herausforderungen anzupassen.

Er erfasst dafür systematisch die heutigen und künftigen Bedürfnisse und versucht dann, die identifizierten Lücken zu schließen. Oft ist es sogar so, dass viel erforderliches Wissen in einer Organisation bereits an unterschiedlichen Orten fragmentiert versteckt ist. Der Executive muss zuallererst sicherstellen, dass diese Ressourcen optimal genutzt werden. Weiter geht es darum, zur Schließung restlicher Lücken neue Wissensträger in die Organisation zu holen. Das können neue Mitarbeiter sein. Es kann aber auch die Zusammenarbeit mit anderen Organisationen oder der Zugang zu externen Beratern oder anderen Dienstleistern sein. Wichtig ist nur, dass auch diese Wissensquellen zur Wertsteigerung der Organisation angezapft werden.

Schließlich stellt der Executive sicher, dass die Organisation attraktiv für bestehende und neue Wissensträger ist. Im Zeitalter des Fachkräftemangels sind diejenigen Organisationen erfolgreich, die es schaffen, ein attraktives und förderndes Umfeld für die besten Spezialisten zu schaffen. Der Executive sieht es als seine persönliche Aufgabe, diese Attraktivität zu steigern, nicht zuletzt in seiner Funktion als charismatischer Wissensmanager der Organisation.

Der Ansatz des Executives suggeriert zusammenfassend also eine strikte Trennung zwischen den Wissensträgern, den Mitarbeitern, und dem Wissensmanager, dem Executive selbst. In der Praxis gibt es diese trennscharfe Unterscheidung natürlich nicht. Nicht zuletzt gibt es sie nicht, weil natürlich auch jeder Executive irgendwo einen Hintergrund mit einem Tiefenwissen in einem bestimmten Bereich hat. Diesen muss und soll er auch nicht ablegen. Im Gegenteil, er kann bewusst auch mal in einer Diskussion, wenn sinnvoll, mit seinem Tiefenwissen eine Duftnote setzen. Nichtsdestotrotz darf er die Organisation keinesfalls von seinem vielleicht sogar exklusiven Wissen abhängig machen. Er muss sich auf seine Hauptaufgaben als Wissensmanager konzentrieren.

Teil II
Der Executive als **Stratege**

7 Inszeniere Deine ersten 100 Tage

- Die ersten 100 Tage in einem neuen Amt sind geprägt von hohen Erwartungen, zum Teil auch Unsicherheiten seitens aller Stakeholder, denen der Executive gerecht werden muss.
- Der Executive steckt während dieser Periode sehr viel Zeit und Energie in die Akkumulation von Wissen, die Gewinnung von Vertrauen, gut kommunizierbare erste Ergebnisse und die Definition seiner persönlichen Agenda.
- Er begleitet seine 100 Tage mit einem umfassenden Kommunikationskonzept nach innen und außen.

Die ersten 100 Tage in einem neuen Amt – sei es eine interne Beförderung oder ein Engagement in einer neuen Organisation – sind eine sehr entscheidende Zeit für den Executive. In dieser Zeit ist er von allen möglichen Stakeholdern unter intensiver Beobachtung. Mitarbeiter erwarten Sicherheiten für ihre Jobs, Leistungen und eingeschlagenen Entwicklungspfade. Vorgesetzte brauchen eine Bestätigung, die richtige Personalentscheidung getroffen zu haben. Geschäftspartner wollen ihre bestehenden Verträge gesichert sehen und neue ausloten können. Und so weiter.

Der Anspruch des Executives ist es, in den ersten 100 Tagen eine solide Basis für seine mehrjährige Führungstätigkeit in dem neuen Amt zu schaffen. Er möchte auf der einen Seite das Vertrauen der Mitarbeiter, Vorgesetzten und Kollegen gewinnen. Auf der anderen Seite möchte er für sich und die Organisation ein klares Bild haben, welche Themen in seiner Amtszeit angegangen werden müssen, oder konkret, welche Ziele und Erfolge er sich in der Zeit vornimmt.

Dieser Anspruch benötigt ein hohes Maß an Zeit und Energie in den ersten 100 Tagen. Der Executive muss sich bewusst für diesen Zeitraum komplett für die Organisation blocken, Nachtschichten schieben und Wochenenden opfern. Partner oder Partnerin, Kinder, Freunde, Verwandte – sie müssen in der Zeit größtenteils auf ihn verzichten. Hobbys und nicht geschäftlich relevante gesellschaftliche Anlässe müssen pausieren.

Der Executive beschäftigt sich zum Auftakt seiner Führungstätigkeit in einer neuen Position in den ersten 100 Tagen insbesondere mit den acht folgenden Aspekten:

1. Lernen, lernen, lernen

Zuallererst kommt die große Fleißarbeit. Der Executive drückt die Schulbank. Auf dem Stundenplan stehen das Studium der relevanten Märkte, Stärken und Schwächen der wichtigsten Wettbewerber, die Herausforderungen der wichtigsten Kunden und Kundencluster, das eigene Produkt, der Stand der Technologie und vieles mehr. Er muss ein umfassendes und konkretes Bild seines Umfelds haben, um mit seinen Mitarbeitern wie auch Kunden oder sonstigen Geschäftspartnern auf Augenhöhe diskutieren zu können. Dies gilt ebenfalls für interne Aufsteiger in der gleichen Organisation, weil sich aus einer neuen Position auch eine neue Perspektive mit anderen Herausforderungen ergibt.

2. Mitarbeiter kennenlernen

Der Executive lässt sich die eben beschriebenen Themen von seinen Mitarbeitern in entsprechenden Fachgesprächen erklären und die einschlägigen Unterlagen zeigen. Er fragt viel und hört vor allem zu. Damit erhält er ein differenziertes Bild aus den unterschiedlichsten Blickwinkeln. Zudem schlägt er zwei Fliegen mit einer Klappe. Nebst dem Aufsaugen von relevantem Wissen erhält der Executive gleich ein Bild, eine Arbeitsprobe, von seinen wichtigsten Mitarbeitern und kann so ein erstes Assessment vornehmen, mit wem er am engsten zusammenarbeiten möchte. Das aktive Nachfragen und Redenlassen erlaubt es den Mitarbeitern auch, ein ehrliches fachliches Bild von ihnen selbst zu präsentieren, was wiederum die Motivation und Wertschätzung stärkt.

3. Präsenz markieren

Der Terminkalender des Executives ist in den ersten 100 Tagen eigentlich komplett durchgetaktet. Das Studium tausender Seiten Marktberichte, Wettbewerberanalysen und Konzeptunterlagen sowie verschiedenste individuelle Kennenlerntermine und Fachgespräche fressen unglaublich viel seines begrenzten Zeitbudgets auf. Aber wenn sich der Executive während dieser Phase dafür nur in seinem Büro einbunkern würde, bliebe er für sein Umfeld profillos und ließe die Organisation gefühlt führungslos.

Deswegen reserviert sich der Executive ganz bewusst mehrere, wenn auch nur kurze Zeitfenster, um physisch in der Organisation Präsenz zu markieren. Er geht zum Mittagessen in die Kantine, wo er sich zu den Leuten ungezwungen hinzusetzt, oder verabredet sich gezielt mit den wichtigen Meinungsführern zum Lunch. Er holt sich seinen Kaffee selbst in der Teeküche und sucht dort das spontane Gespräch. Wenn im Büro kleine Feiern wie ein Kuchenessen zum Geburtstag sind oder auf die bestandene Abschlussprüfung des Auszubildenden angestoßen wird, ist er dabei.

Fachgespräche in den ersten 100 Tagen

- Welches sind die wichtigsten Trends, die unseren Markt beeinflussen? Wieso?
- Was ist Ihr Ausblick zur Marktentwicklung bezüglich Wachstum und Profitabilität/Preisen?
- Was sind unsere Chancen und Herausforderungen in diesem Marktumfeld? Was müssen wir ändern?
- Wie unterscheidet sich unser Produkt von den Wettbewerbsprodukten? Wo sind wir besser? Wo sind wir schlechter?
- Sind wir zu teuer? Sind wir zu günstig?
- Wieso gewinnen wir Aufträge? Wieso verlieren wir Aufträge? Welche Aspekte sind kaufrelevant für unsere Kunden?
- Welche Themen beschäftigen unsere Kunden beziehungsweise Kundencluster? Wie werden sich die Kunden in Zukunft verändern?
- Was sind die wichtigsten Herausforderungen und Chancen unserer Top-Ten-Kunden?
- Welcher Wettbewerber ist uns am ähnlichsten? Wieso? Welcher am unterschiedlichsten? Wieso?
- Welche Wettbewerber werden in Zukunft besonders dazugewinnen? Welche verlieren? Wieso?
- Welche neuen Player gibt es auf dem Markt? Wie werden diese das Umfeld verändern?
- Welche (neuen) Technologien werden den Markt in den nächsten Jahren dominieren?

Der Executive hat für diese Anlässe zwar immer ein Small-Talk-Thema auf Lager, es geht aber nicht darum, die Zeit mit Gesprächen über Fußball oder das Wetter zu überbrücken. Stattdessen hört der Executive vor allem zu und versucht bewusst, Brücken zu schlagen, damit die Mitarbeiter ungeniert auch Fragen und Kritik äußern können.

4. Sicherstellen von Quick Wins

In den ersten 100 Tagen erwartet niemand einen Erfolg von einem Executive, schließlich ist er ja erst frisch im Amt, da kann er ja noch nicht viel bewegen – könnte man meinen, leider falsch. Wie eingangs erwähnt, sind alle Stakeholder nervös und brauchen einen Anhaltspunkt, wo sie mit dem Executive stehen. Der Executive versucht dafür, bereits in den ersten 100 Tagen Quick Wins zu realisieren oder zumindest einzuleiten.

Bei den Quick Wins geht es nicht um tiefe Einschnitte in die Organisation mit einem großen Effekt. Die positive Kommunikation gegenüber den Stakeholdern steht im Vordergrund. Oft sind es Dinge, die einfach im Tagesgeschäft weggelassen werden wie Formalitäten, Bürokratie, Prozessschritte. Oder das Einbringen eines interessanten Kunden, Lieferanten oder Mitarbeiters in die Organisation. Natürlich sollen die Quick Wins einen positiven Effekt auf die Organisation haben, doch entscheidend ist die Wahrnehmung in der Organisation. Es soll allem voran eine sofortige Erleichterung schaffen und, wenn möglich, niemanden negativ belasten.

5. Schlachten einer heiligen Kuh

Jede Organisation hat eine Herkunft, Routinen und Überzeugungen, die aus der Zeit vor dem Executive stammen. Auch wenn der Executive geholt wurde, um einen Wandel herbeizuführen, darf er nicht alles schlechtreden, was in der Organisation schon existiert – und schon gar nicht seinen Vorgänger für alles Schlechte verantwortlich machen. Ein Executive, der von außen kommt und gleich am ersten Tag alles besser weiß, wird von der Organisation nicht gut aufgenommen. Er muss sehr vorsichtig und abgeklärt vorgehen und dabei immer berücksichtigen, dass alles Bestehende in der Organisation vorher von seinen Kollegen und Mitarbeitern geschaffen wurde.

Nichtsdestotrotz muss der Executive – ganz besonders wenn er für einen Kulturwandel geholt wurde – in seinen ersten 100 Tagen eine Duftnote setzen. Das „Schlachten einer heiligen Kuh" eignet sich dafür ideal. Jede Organisation hat sie. Es sind die historisch gewachsenen Arbeitsweisen, Abteilungen oder Prozesse, die der Organisation eigentlich im Weg stehen, an die sich aber niemand heranwagt. Der Executive muss eine opfern, im Bewusstsein darum, dass es Gewinner und Verlierer – in der weiteren Führungsarbeit Freunde und Feinde – geben wird. Alle in der Organisation müssen merken: „There is a new sheriff in town."

6. Vermeidung eines Zwischenfalls

Zum Start in seiner neuen Position wird der Executive auch in die operative Funktionsweise der Organisation eingeführt. Sein Fokus liegt dabei in den ersten 100 Tagen in der Identifikation von akuten Schwachstellen im laufenden operativen Betrieb. Steht ein Produktionsengpass bevor? Gibt es Qualitätsprobleme? Springt vielleicht ein wichtiger Kunde ab? Der Executive klärt konsequent und strukturiert ab, ob es noch belastende „Erbschaften" von seinem Vorgänger gibt, die er lösen muss.

Optimierungen da und dort, Verbesserung der Effizienz und Effektivität – das kann alles später kommen. Was nicht passieren darf, ist, dass sich in den ersten 100 Tagen ein großer Zwischenfall ereignet. Das würde vermutlich ein vorzeitiges Ende der Amtszeit des Executives bedeuten. Sollte sich ein Zwischenfall abzeichnen, haben Executives in den ersten 100 Tagen eine Wahl, aber wirklich nur im gegebenen Fall: Den Vorgänger belasten.

7. Definition der persönlichen Agenda

Der Executive formuliert in den ersten 100 Tagen seine eigentliche Agenda für die Organisation. Dabei handelt es sich um seine persönliche Strategie für die Organisation, weniger um die Marktstrategie der Organisation als mehr um eine Strategie seiner Amtszeit. In die Agenda fließen seine wichtigsten Erkenntnisse und Implikationen aus den verschiedenen Tätigkeiten in den ersten 100 Tagen.

Viele Executives werden in eine Organisation geholt, um zum Beispiel einen Kulturwandel zu begleiten oder einen Professionalisierungsschub zu initiieren. Die Agenda muss daher ganz bestimmte Meilensteine umfassen, mit denen die Organisation und die damit verbundenen Menschen transformiert werden. Es handelt sich dabei um die Blaupause seiner Amtszeit. Die Agenda wird in den ersten 100 Tagen komplett ausdefiniert, da und dort bei neuen Erkenntnissen später angepasst, aber im Prinzip über die gesamte Amtszeit wie ein Drehbuch abgespult.

8. Laufende kommunikative Begleitung

Alle Stakeholder akzeptieren es, wenn sich ein neuer Manager in seinen ersten Tagen und Monaten erst einmal einarbeiten und zurechtfinden muss. Sie tun dies aber nicht automatisch. Wenn der Executive in seinen ersten 100 Tagen zwar fleißig die Organisation und ihre Leute kennenlernt, aber nicht darüber spricht, wird er mit großer Wahrscheinlichkeit als untätig und orientierungslos wahrgenommen.

Der Executive kommuniziert deshalb während dieser Zeit ganz offensiv. Er nutzt die Institution „100 Tage" ganz bewusst, um die einzelnen Etappen seiner Anfangsphase kommunikativ zu begleiten und seinen Stakeholdern eine Orientierung zu geben. So gibt es eine Art Willkommensmitteilung am Anfang, in der bereits auf die Vorgehensweise in den ersten 100 Tagen hingewiesen und damit aktives Erwartungsmanagement betrieben wird. Niemand wird dann vor Ablauf der Frist schon große Schritte erwarten. Die trotzdem vorhandene Nervosität und hohe Erwartungshaltung greift der Executive mit der Kommunikation von Etappenzielen auf, wie zum Beispiel: „Habe mich mit unseren Schlüsselkunden getroffen. Da gibt es einige spannende Chancen für uns. Die gehen wir sofort an." Er schließt die 100 Tage zum Schluss mit einem Kommunikationsanlass ab und nennt dabei seine Ergebnisse – im Prinzip die Grundsätze seiner Agenda.

Die Aufzählung zeigt, dass erfolgreiche Executives in ihre ersten 100 Tage in einer neuen Position ein extrem dichtes Programm packen – ein kräftezehrender Marathon. Doch der Einsatz lohnt sich. Je umfassender die Planung und insbesondere das Warmlaufen mit den Mitarbeitern am Anfang gemacht werden, desto reibungsloser wird die Zeit danach.

Zuletzt sei noch ein kleiner Trick des Executives erwähnt. Zu einem neuen Amt kommt man meist nicht über Nacht. Die Zeit vor den ersten 100 Tagen nutzen erfolgreiche Executives für eine umfassende Vorbereitung. Die engsten Mitarbeiter werden schon einmal rekrutiert. Erste Gespräche mit Vertrauenspersonen geführt. Und im Selbststudium wird das wichtigste Wissen schon einmal erworben.

8 Richte alles Handeln nach einer Maxime

- Eine Organisation braucht einen übergeordneten Sinn, der die Mitarbeiter und anderen relevanten Stakeholder auf einer emotionalen Ebene zusammenkittet.
- Dafür entwickelt der Executive eine Maxime für die Organisation – einen Leitsatz aus wenigen Worten, der die Rolle der Organisation in der Gesellschaft im Allgemeinen definiert.
- Der Executive stärkt durch die konsequente Einbindung der Maxime in seine Kommunikation den Erfolg seiner Organisation, aber auch seine persönliche Positionierung.

Damit eine Organisation funktionieren und Erfolg haben kann, müssen ihre einzelnen Bestandteile, also die Mitarbeiter, die Produkte und Brands, die Standorte oder die Beziehungen zu den Geschäftspartnern, eng verflochten sein und gut zusammenhalten. Was ist der Kitt, der diese Bestandteile in einer Organisation zusammenhält?

Der Jurist würde sagen, es sind die Verträge und Urkunden. Die Arbeitsverträge verpflichten die Mitarbeiter, Liefer- und Abnahmevereinbarungen regeln die Wertschöpfung, Markenrechte sichern die Brands und so weiter. Der Tekkie lokalisiert den Zusammenhalt einer Organisation in der perfekten Abbildung der Geschäftsprozesse in der IT-Infrastruktur, mit der die einzelnen Bestandteile erst richtig zu einer funktionierenden Organisation werden. Der Finanzer erklärt den Zusammenhalt in den Geldflüssen, Lohn gegen Arbeit, Produkt gegen Preis, Innovation gegen Tantieme.

Während diese Dinge natürlich absolut essenziell für eine Organisation sind, sieht der Executive auf einer weiteren Ebene Bedarf, seine Organisation zusammenzukitten: Die Organisation braucht einen eigentlichen übergeordneten Sinn. Was ist die Daseinsberechtigung der Organisation, ihr Nutzen oder ihr Zweck für die Gesellschaft im Allgemeinen? Um einen nachhaltigen Erfolg zu gewährleisten, brauchen die Organisation und ihre Mitarbeiter diesen Sinn. Er motiviert und legitimiert die Tätigkeit der Organisation. Es ist der Kitt, der nebst allen faktischen Elementen wie Verträgen, Infrastrukturen oder Geld zusätzlich für den Zusammenhalt einer Organisation nötig ist. Der Executive entwickelt dafür eine „Maxime" für seine Organisation.

Die Maxime ist ein Leitsatz aus wenigen Worten. Sie gibt der Organisation eine sehr langfristige, sogar „ewige" Aufgabe oder eine Funktion in der Gesellschaft im Allgemeinen. Damit weckt die Maxime Emotionen bei den Mitarbeitern sowie allen Stakeholdern und treibt sie damit an, die Organisation weiterzubringen und zum Erfolg zu führen. Es ist etwas Gutes, für diese Organisation tätig zu sein. Die Mitarbeiter können stolz sein und sind angesehen.

Eine gut gewählte Maxime adressiert ein tiefer gehendes Bedürfnis oder auch gesellschaftliches Ziel und verspricht dafür eine Lösung. Sie knüpft an die Historie und Errungenschaften der Organisation sowie an die Herkunft ihrer Mitarbeiter an. Trotzdem ist sie zukunftsgerichtet und verharrt nicht in der Vergangenheit. Sie schafft es damit, für alle Mitarbeiter und Stakeholder relevant zu sein und nicht etwa nur für einen kleinen elitären Kreis.

Inhaltliche und stilistische Anforderungen an eine Maxime

- Weckt Emotionen und Leidenschaft bei allen Mitarbeitern der Organisation und betrifft alle.
- Adressiert eine sehr langfristige Thematik, eine Aufgabe einer ganzen Generation.
- Verspricht eine Lösung für ein tiefer gehendes Bedürfnis oder ein gesellschaftliches Ziel.
- Knüpft an die Historie der Organisation und Herkunft der Mitarbeiter an, ohne sich zu stark an der Vergangenheit zu orientieren.
- Hat im Kern ein normatives Ziel („verbessert die Welt"), keinesfalls ein Geld-Ziel.
- Steht für etwas, nicht gegen etwas (eine Sache, Organisation oder gar Person).
- Besteht aus maximal fünf Worten, besser weniger, und kann in einem Atemzug genannt werden.
- Ist abstrakt, aber nicht abgehoben – ist konkret, aber mit breiter Perspektive.
- Ist grob, aber nicht mit einer mathematischen Metrik messbar.
- Funktioniert in allen oder den gängigen Sprachen der Organisation.

Die Maxime ist handlungsanweisend und anwendbar. Sie muss den Mitarbeitern im Arbeitsalltag eine Orientierung geben. Trotzdem darf die Maxime nicht zu konkret oder gar technisch sein. Damit unterscheidet sie sich klar von einer Strategie, die sehr konkret sein muss. Die Maxime muss abstrakt genug sein, dass sie auch genügend Raum als Projektionsfläche für neue Ideen innerhalb gewisser Leitplanken gibt.

Die Maxime kommt vor allem in der Kommunikation des Executives zum Einsatz. Er wiederholt sie so oft wie möglich mit dem Ziel, dass die Maxime bei allen Mitarbeitern immer präsent ist und so im Alltag Sinn und Orientierung gibt. Konkret darf sie natürlich in keiner Rede bei wichtigen Meilensteinen oder Mitarbeiterfesten fehlen. Sie wird dann aber durchaus auch in der persönlichen Kommunikation genutzt, um gewisse Fragestellungen noch einmal aus der Helikopterperspektive zu beleuchten. Wie zahlt die vorgeschlagene Maßnahme auf die Maxime ein? Bleiben wir damit unserer Grundaufgabe treu?

Weil die Maxime sehr positiv ist, wird sie auch gegenüber bestehenden und künftigen Mitarbeitern sowie allen anderen Stakeholdern in der Positionierung der Organisation genutzt. Die Zusammenarbeit mit der Organisation ist eben nicht nur rein transaktional, sondern alle Beteiligten leisten einen Beitrag hin zu einem übergeordneten Sinn und Zweck. Dadurch ruft der Executive von allen möglichen Seiten eine überdurchschnittliche Performance ab und stärkt dadurch den Erfolg seiner Organisation.

Eine Maxime zu entwickeln ist sehr herausfordernd. Weil sie eben so zentral für die Kommunikation des Executives ist und sehr lange unverändert gelten muss. Es ist daher angebracht, viel Zeit in das Thema zu stecken und lieber erst mal ohne als mit einer schlechten Maxime zu arbeiten.

Je nach Branche ist die Entwicklung einer Maxime unterschiedlich herausfordernd. Einfach haben es beispielsweise Organisationen in Health-Care-Branchen. Eine Notfallambulanz hat eine klar definierte Aufgabe in einer Gesellschaft – Maxime: „Wir retten Leben." Sehr gut, erledigt. Oder ein Hersteller von innovativen Medikamenten oder Medizinprodukten sagt: „Wir lindern die Schmerzen unserer Patienten."

Nicht in jeder Branche geht es aber um Leben und Tod. Trotzdem erfüllen auch andere Organisationen einen gesellschaftlichen Zweck. Städtische Verkehrsbetriebe beispielsweise befördern ja nicht einfach nur Passagiere von A nach B. Fällt der öffentliche Verkehr in einer Stadt auch nur wenige Stunden aus, hat dies für große Teile der Bevölkerung weitreichende soziale und wirtschaftliche Konsequenzen. Diese Organisation muss sich daher darauf berufen, dass die Stadt ohne ihre Schlüsselinfrastruktur nicht prosperieren kann. Eine passende Maxime wäre dann etwa: „Der Puls unserer Stadt."

Wer auf der Suche nach einer Maxime eine globale Perspektive einnimmt, entdeckt für jede Organisation einen positiven Effekt auf einen breiten Kreis. Dieser unterscheidet sich in der Regel auch von einem plumpen Kundennutzen. Ein Hersteller von Dämmmaterial in der Baubranche beispielsweise hat gegenüber seinen Kunden mit der Einsparung von Heizkosten einen klaren Kundennutzen. Darüber hinaus erzielt dieses Unternehmen aber auch durch die entsprechende Reduktion von Treibhausgasen einen deutlichen Mehrwert für die Gesellschaft im Allgemeinen, womit sich in diesem Fall ebenfalls eine emotionale Maxime finden lässt.

Durch die konsequente Nutzung einer Maxime in seiner Kommunikation stärkt der Executive schließlich auch seine ganz persönliche Positionierung. Wenn ein Manager ausschließlich auf der Ebene Marktanteile, Geld, Deals, Technik und Besitz kommuniziert, wird er als emotionslos und auswechselbar wahrgenommen. Der Executive hingegen hebt sich durch die Anreicherung dieser notwendigen Standardthemen mit Inhalten rund um seine Maxime auf eine ganz andere Ebene. Statt als einfacher Manager wird er eher als einzigartiger Unternehmer oder gar Mastermind gesehen. Er sichert sich damit eine breite Unterstützung für seine eingeschlagene Richtung der Organisation mit ihrem gesamten Umfeld.

9 Denke strategisch vom Ende her

- Statt vom Status quo ausgehend und fortschreibend zu planen, denkt der Executive in einem „Zielbild", das die Positionierung der Organisation und das Umfeld in der Zukunft beschreibt.
- Die Strategie leitet sich aus diesem Zielbild ab und beschreibt den Weg von heute hin zu diesem Zielbild.
- Der Executive verfolgt das Zielbild konsequent in allen seinen Entscheidungen. Er baut für das Zielbild neue Strukturen und Kompetenzen sukzessive auf, entledigt sich aber auch von sämtlichem Ballast, den die Organisation nicht mehr braucht.

Bei der Formulierung von Strategien setzen viele Manager beim Status quo an. Sie versuchen, die heutige Situation zu optimieren. Wie kann ich die Kosten senken? Wie kann ich die Kundenzufriedenheit erhöhen? Wie kann ich mehr Umsatz machen? Wie kann ich neue Kunden gewinnen? Wie kann ich meine Supply Chain verlässlicher machen? Es entsteht dann meistens ein Sammelsurium an Maßnahmen und Projekten, die bestimmt irgendwo irgendetwas bringen – aber langfristig nirgendwo hinführen. Das ist keine Strategie. Diese Manager versuchen, die bestehenden Geschäfte besser zu machen, statt die richtigen Geschäfte zu machen. „Doing the right things versus doing things right." – Das ist der wesentliche Unterschied bei der Strategiearbeit.

Executives denken daher immer strategisch vom Ende her. Sie haben ein konkretes „Zielbild", wie die Organisation in der Zukunft aussehen soll. Mehr noch, sie skizzieren ein Bild, wie das Umfeld in der Zukunft aussehen wird, und legen eine Positionierung der eigenen Organisation in diesem Umfeld fest. Sie haben eine Überzeugung vom Bild der Zukunft, den Motivationen und Bedürfnissen der Kunden, der Entwicklung von Märkten und Marktsegmenten und der Positionierung der Wettbewerber. In diesem Umfeld finden sie den „sweet spot", den sie strategisch besetzen wollen.

Die Strategie formuliert in dieser Herangehensweise den Weg hin zu diesem Zielbild. Sie beschreibt, was passieren muss in der Organisation, um dieses Zielbild zu erreichen. Welche Personen braucht die Organisation? Welche Fähigkeiten und welches Wissen? Welche Zugänge und Kontakte müssen ausgebaut werden? Welche Ressourcen werden benötigt? Aber auch: Was brauche ich nicht mehr? Worauf kann ich verzichten? Das Zielbild ist der Orientierungspunkt für alle diese Fragen mit strategischer Relevanz.

Der Executive nimmt mit dieser Herangehensweise eine völlig andere Perspektive ein als die anderen Manager. Sie führt auf der einen Seite zu mehr Ambition in der Strategieformulierung, sodass sich die Organisation selbst in einem gegebenen künftigen Umfeld in einer interessanten Position sieht. Die Herangehensweise ist aber auch realistischer, da sie sich an einem Bild des zukünftigen Marktes – wachsend oder schrumpfend – orientiert statt einfach am Status quo und damit näher an der Vergangenheit.

Auch führt sie zu radikaleren Strategien, da so die Organisation viel mehr dazu geneigt ist, auf die wirklich „guten Pferde" zu setzen und sich von aussichtslosen Kandidaten zu verabschieden.

Fachhandel im Umbruch

Die Organisation ist ein erfolgreiches stationäres Fachhandelsgeschäft mit langjähriger Tradition. Die Branche ist von zwei wesentlichen Trends betroffen. Erstens wandert ein großer Teil des Geschäfts ins Internet ab, wo neue Player mit großer Geschwindigkeit Marktanteile gewinnen und mit tiefen Preisen bei den Kunden die Zahlungsbereitschaft senken. Zweitens hat sich das bisher fragmentierte Lieferantennetz zu nur noch wenigen Lieferanten zusammenkonsolidiert. Diese nutzen die neu gewonnene Marktmacht, um bessere Konditionen beim Fachhandel durchzusetzen. Es entsteht also Druck von beiden Seiten der Wertschöpfungskette.

Das Management des Fachhandelsgeschäfts hat folgende Markthypothese entwickelt: Der Markt wird in Zukunft komplett neu aufgeteilt. Die Onlinehändler werden nachhaltig rund ein Drittel des Markts einnehmen. Das restliche Geschäft wird zwar stationär bleiben, dieser Teil wird aber von Fachhandelsgeschäften dominiert, die sich zu großen Ketten zusammengeschlossen haben, weil sie durch die gewonnenen Skaleneffekte ihre Kosten dramatisch senken und im Preiswettbewerb mithalten können. Die unabhängigen Fachhandelsgeschäfte werden bis auf wenige Nischenplayer aussterben.

Aus der Markthypothese ergeben sich zwei mögliche strategische Pfade:

1. konsequente Investitionen in den Onlinehandel und mittelfristiger Ausstieg aus dem stationären Handel und

> 2. Zusammenschluss mit oder Übernahme von diversen anderen Fachhandelsgeschäften zu einer größeren Fachhandelskette.
>
> Das Management entschließt sich für Option 2, weil sie besser zur konkreten Ausgangslage der Organisation passt. Der Geschäftsführer ist Präsident des Branchenverbandes und daher sehr gut in der Branche vernetzt. Das Management traut sich deshalb zu, Pionier in der Konsolidierung der Branche zu sein und mittelfristig mehrere Fachhandelsgeschäfte zu einer größeren Einheit zusammenzuschließen. Die Option Onlinehandel wird als weniger realisierbar betrachtet, weil die digitalen Fähigkeiten nahezu bei null neu angeeignet werden müssten.
>
> Das strategische Zielbild für die Organisation ist es, als größere Fachhandelskette einer der dominanten Player im stationären Markt zu sein. Das Management kann damit alle strategischen Maßnahmen und Projekte auf dieses Zielbild ausrichten.

Das Denken in einem Zielbild ist für den Executive nicht nur eine Gedankenstütze bei der Festlegung und Formulierung von Strategien. Das Zielbild begleitet ihn ebenso durch seinen Managementalltag und ist Referenzpunkt für eine Reihe von Entscheidungen und Vorgehensweisen, so zum Beispiel in folgenden vier Situationen:

1. Optimierung und Innovationen

Jede Organisation lebt von Innovationen, seien es bahnbrechende Neuerfindungen oder die kontinuierliche tägliche Adjustierung von Bestehendem. Wenn also ein Mitarbeiter mit neuen Ideen auf den Executive zugeht, ist das erst einmal eine gute Sache und erfordert Lob für den kreativen Einsatz, vor allem aber auch die Aufmerksamkeit des Executives, sodass die Idee vom Mitarbeiter in seinen Grundzügen vollständig und sauber gepitcht werden kann.

Die erste Beurteilung des Executives ist erst mal ganz simpel. Ist die Idee grundsätzlich gut oder schlecht? Hilft sie, ein Problem zu lösen, etwas zu optimieren? So weit, so gut, doch dann geht es zur zweiten Beurteilung. Zahlt die Idee denn auch auf das Zielbild ein? Oder ist es vielleicht eine gute Idee, aber eigentlich nur für einen anderen strategischen Pfad relevant? Der Executive muss dann konsequent sein. Auch hier gilt wieder: Es bringt nichts, ein Sammelsurium an guten Ideen zu haben. Die Organisation muss in eine klare Richtung gehen, und es wird nur das gemacht, was auf diese Richtung, das Zielbild, einzahlt.

Konkret würde das im oben skizzierten Beispiel bedeuten, dass der Executive jede Idee, wie der Onlinehandel ausgebaut werden könnte, ablehnen muss. Das Zielbild sieht eine Konsolidierung mehrerer stationärer Fachhandelsgeschäfte vor und keine Expansion in den Onlinehandel. Weil die Umsetzung jeder Idee Ressourcen und Managementkapazitäten bindet, muss der Executive ablehnen und seinen Fokus voll auf das Zielbild legen.

2. Entwicklung der Fach- und Führungskräfte

Die Mitarbeiter sind entscheidend in der Umsetzung einer Strategie. Erst durch die Besetzung mit den nötigen Persönlichkeiten wird ein Zielbild wirklich mit Leben gefüllt – und mit Erfolg gekrönt. Der Executive muss parallel zur Organisation als Ganzes auch die Menschen in die richtige Richtung entwickeln.

Auch diese Entwicklung läuft von Anfang an über einen längeren Zeitraum. Die Implementierung einer Strategie erfolgt über mehrere Jahre, entsprechend ist auch Zeit für die Personalentwicklung. Die Personen müssen nicht von Anfang an alle Qualitäten haben, wie sie sie später im Zielbild benötigen. Sie müssen aber mit der Entwicklung der Organisation frühzeitig mitwachsen. Manchmal passiert es beispielsweise, dass Organisationen mit hohem Wachstum schneller als die Skills der Mitarbeiter wachsen, die dann nicht fähig sind, ihren Job in anderen Größenordnungen auszuüben. Der Executive antizipiert dies frühzeitig mit Förderprogrammen, Weiterbildung und Coaching, zudem rekrutiert er auch externe Talente, wo nötig.

3. Festlegung von Planzahlen und Zielen

Der klassische Fehler von vielen Organisationen ist es, Planungen und Leistungsziele der Mitarbeiter auf Basis von Vorjahren fortzuschreiben. Der Umsatz ist die letzten drei Jahre um fünf Prozent gewachsen? Dann wird auch wieder mit fünf Prozent im Folgejahr geplant – völlig ungeachtet von Marktentwicklungen, Bewegungen der Wettbewerber, technischen Innovationen und so weiter. Ambitionierte Manager packen dann gerne auch mal noch ein, zwei Prozentpunkte drauf – genauso ungeachtet von externen Anhaltspunkten. Das sind typische Managementfehler.

Der Executive plant nach Zielbild. Er weiß, wohin die Reise geht. Geschäftsbereiche, die im Zielbild führend sein sollen, müssen deutlich stärker als der Markt wachsen. Es wird im Gegenzug auch großzügig in diese Bereiche investiert. Die tragenden Säulen des Zielbildes werden nicht per Zufall entstanden sein, sondern sind Ergebnis von entsprechenden Taten.

Gleichzeitig werden Geschäftsbereiche, in denen man keine oder nur eine beschränkte Zukunft sieht, konsequent zurückgefahren, Investitionen gestrichen, Ausgaben für Marketing, Unterhalt, Reparatur deutlich reduziert. Es wird „auf Sicht" geflogen und nicht mehr weit in die Zukunft geplant.

Denke groß – und realistisch!

„Think big!" – Das Lieblingsmotto vieler Wirtschaftsführer und ihrer Redenschreiber hat etwas Wahres. Doch das „Große" muss auch etwas „Realistisches" sein. Angenommen, das Ziel einer Organisation ist es, den Umsatz in fünf Jahren zu verdoppeln. Ist das ein realistisches Ziel? Wenn der Markt gleichzeitig stagniert, ist die Zielerreichung wohl aussichtslos. Wenn sich der Markt verdreifacht, ist das Ziel eher bescheiden.

Der Executive orientiert sich daher bei der Formulierung seines Zielbildes immer an seinem Umfeld. Natürlich soll und muss er ambitioniert sein. Doch er kann nicht Luftnummern in die Welt posaunen. Es muss in sein Umfeld passen, und man muss auch genau wissen, wie man eine überproportional ambitionierte Leistung anstrebt, mit welchen Mitteln, mit welchen überlegenen Fähigkeiten oder Innovationen. Der Executive bleibt dabei immer der Realist.

4. Orientierungspunkt bei Verhandlungen

Die Rahmenbedingungen für das eigene Geschäftsmodell sind in ständigem Fluss. Lieferanten erhöhen oder senken ihre Preise und Einkaufskonditionen. Vermieter verlangen andere Mietbedingungen. Mitarbeiter fordern Lohnerhöhungen und bessere Anstellungskonditionen. Der Manager einer Organisation muss ständig neue Konditionen verhandeln. Ziel ist es, möglichst mit besseren Rahmenbedingungen aus den Verhandlungen rauszukommen.

Der Executive hat in diesem Spiel mit seinem Zielbild einen wesentlichen Vorteil. Er weiß schon heute, zumindest in groben Zügen, wie sich seine Bedarfe in den nächsten Jahren entwickeln werden. Er führt damit viel abgeklärter seine Verhandlungen. Er kann entgegenkommen bei Bereichen, die keine strategische Relevanz mehr haben, um damit Verhandlungsmasse für die wirklich wichtigen strategischen Säulen des Zielbildes zu generieren. Auch hier wird kontinuierlich am Aufbau und der Entwicklung des Zielbildes gearbeitet.

Diese Illustrationen zeigen, dass der Schlüssel zum Erfolg des Executives, nebst einem seriös erarbeiteten Zielbild für die Organisation, vor allem in dessen konsequenter Anwendung in allen Entscheidungen und im täglichen Handeln liegt. Der Executive ist hundertprozentig überzeugt von seinem Zielbild und trifft auf dessen Basis auch schnelle radikale Entscheidungen. Strukturen oder Investitionen, die keinen Platz mehr im Zielbild haben, werden lieber heute als morgen abgestoßen. Ballast wird abgeworfen. Und im Gegenzug werden Dinge wie Know-how, Standorte, kritische Anlagen und Talente, die dringend für das Zielbild benötigt werden, genauso konsequent aufgebaut. Das Zielbild muss für den Executive in letzter Konsequenz gelten. Es verdrängt alle anderen Aspekte als reine Ablenkung.

10 Denke in Szenarien und Alternativen

- Eine Strategie darf sich nicht permanent aufgrund von kurzfristiger Hektik verändern. Trotzdem muss sie sich dynamisch neuen Erkenntnissen anpassen.
- Der Executive hält diese Balance zwischen Konstanz und Veränderung, indem er für seine Strategie immer auch Szenarien und Alternativen durchspielt.
- Auf verschiedenen Analysefeldern prüft er laufend seine Annahmen und wechselt seine Strategie, wenn nötig, auf ein anderes Szenario mit einem alternativen Strategiepfad.

Die Strategie ist in jeder gut geführten Organisation der dominante Referenzpunkt für alle Entscheidungen. Sie wird vom Executive zusammen mit dem Management in den wesentlichen Punkten entwickelt und ist eine grobe Richtungsvorgabe an alle Mitarbeiter. Die Strategie gibt vor, in welche Bereiche investiert wird, welche abgestoßen werden, welche eine letzte Galgenfrist erhalten. Sie ist der Leitfaden für Produktentwicklung und Innovation sowie auch für die Ausrichtung von Vertrieb und Marketing.

Auch ist die Strategie Basis für Personalentscheidungen auf allen Ebenen, sei es im Management oder bei den Mitarbeitern.

Die Strategie ist verbindlich und gilt. Sie kann sich nicht jederzeit verändern, wie der Wind gerade weht. Ein schlechtes Quartal, ein neues, innovatives Produkt des Wettbewerbers, die Kündigung eines Schlüsselmitarbeiters, ein Rohstoffengpass, der Verlust eines wichtigen Kunden – kurzfristige Hektik darf nicht zu einer kompletten Veränderung einer Strategie führen. Trotzdem sollte eine Strategie nicht komplett statisch sein, sondern muss sich neu erlangten Erkenntnissen und Entwicklungen anpassen. Es ist die eigentliche Kunst, die Balance zwischen Konstanz und Dynamik in der Implementierung einer Strategie zu halten.

Executives denken daher immer in Szenarien und Alternativen. Grundsätzlich geht es darum, bereits bei der erstmaligen Formulierung einer Strategie Transparenz über die wesentlichen Analysefelder in der Ausgangssituation zu erhalten. Daraus entstehen Annahmen zu den relevanten Entwicklungen in einem strategischen Zeithorizont von fünf bis acht Jahren. Bleiben diese Annahmen gleich, muss auch die Strategie gleich bleiben. Verändern sich die Annahmen oder treten gar konkrete Ereignisse ein, die nicht den Annahmen entsprechen, muss die Strategie entsprechend angepasst werden.

Der Executive schafft es damit, auch bei kurzfristigen Schocks, nicht in Hektik und Aktionismus zu verfallen. Er sieht seine Aufgabe darin, laufend zu prüfen, ob die Annahmen und damit die Strategie noch stimmen oder ob angepasst werden muss. Ausschlaggebender Punkt für eine Strategieänderung ist beispielsweise nicht ein schlechtes Quartal, sondern eine nachhaltige Entwicklung im Markt oder bleibende Veränderung in der Organisation, also eine

Veränderung der Annahmen oder ein nicht eingeplantes Ereignis. Aus diesem Blickwinkel wird das Problem auch an seinem Ursprung bekämpft und nicht etwa nur die Symptome.

Es gibt acht wesentliche Analysefelder, die ein Executive zur Eruierung der Ausgangslage bei der erstmaligen Strategieformulierung betrachtet sowie bei der laufenden Überprüfung der getroffenen Annahmen im Blick hält, um die Validität seiner Strategie regelmäßig neu zu evaluieren:

1. Definition und Analyse des Marktes

Grundlage für jede gute Strategie ist ein sauberer Überblick über den Gesamtmarkt. Wie ist der Markt definiert? Wie groß ist dieser Markt? Was sind die Wachstumsraten? Was ist die üblicherweise realisierte Profitabilität im Markt? Das hört sich relativ banal an. In der Strategiearbeit kann es aber zum Teil sehr lange dauern, über diese essenziellen Eckgrößen ein gemeinsames Verständnis zu haben. Es geht nicht darum, über Prozentpunkte bei der Wachstumsrate zu streiten, aber man muss sich beispielsweise schon einig sein, ob man sich in einem wachsenden oder schrumpfenden Markt bewegt.

Der Executive liebt es, über die Definition seines Marktes zu sinnieren. Ist man jetzt beispielsweise im Markt für italienischen Hartkäse – eindeutige Definition, vorliegende Statistiken, klares Bild von Wettbewerbern und Verkaufskanälen – oder ist man im Markt für kulinarischen Genuss und Lifestyle? Beides ist nicht falsch. Der Blickwinkel führt aber zu völlig anderen Strategiediskussionen. Während die Organisation in ersterem vermutlich mit Stagnation kämpft und eine Verdrängungsstrategie entwickelt, wird sie bei letzterem eine ambitionierte Wachstumsstrategie oder Nischenstrategie definieren können.

Wirklich spannend wird es, wenn der Gesamtmarkt in einzelne Marktsegmente heruntergebrochen wird, also zum Beispiel nach Region, nach Absatzkanal, nach Kundengruppe, nach Preiskategorie und so weiter. Es ist immer so, dass unterschiedliche Marktsegmente auch unterschiedliche Wachstumsraten und Profitabilitäten versprechen, beziehungsweise dass unterschiedliche Annahmen zu diesen Eckwerten getroffen werden. In der Konsequenz versucht der Executive dann in einer Strategie, den Fokus auf die stärker wachsenden und profitableren Marktsegmente zu schieben. Das ist aber rein auf Annahmen basiert. Würden die Annahmen zu Wachstum und Profitabilität revidiert werden müssen, müsste auch die Strategie angepasst werden.

„Wo sind die ‚Nuggets' in diesem Markt? Da müssen wir hin!"

∎

2. Kenntnisse über die Hauptwettbewerber – und neuen Player

Keiner ist alleine in seinem Markt, jeder hat eine Reihe von Wettbewerbern. Selbst Monopolisten und Oligopolisten haben irgendwie Wettbewerber, oder zumindest besteht die Gefahr eines disruptiven Markteintritts eines neuen Players.

Der Executive beobachtet seine Wettbewerber äußerst genau. Mit sportlichem Eifer sammelt er alle verfügbaren Informationen und Hinweise über die aktuelle Verfassung und Strategien seiner Wettbewerber. Hauptinformationsquelle, neben öffentlich verfügbaren Informationen, sind Job-Interviews mit Bewerbern, die vom Wettbewerber in die eigene Organisation wechseln möchten. Welche Produktinnovationen und neuen Geschäftsmodelle werden ausprobiert? Wie performen die einzelnen Bereiche? Auf welchen Marktsegmenten liegt der strategische Fokus? Was ist der Stand der Implementierung? Welche Herausforderungen treten auf?

Er will alles wissen – zu Recht. Die Positionierung der wichtigsten Wettbewerber ist ein wesentlicher Orientierungspunkt für die eigene Strategie. Möchte die eigene Organisation aufgrund einer Annahme über Wachstum und Profitabilität in ein bestimmtes Marktsegment investieren, wird das von weniger Erfolg gekrönt sein, wenn auch ein oder mehrere andere Wettbewerber genau dieselbe Bewegung vollziehen möchten.

„Ich kann Ihnen die Strategien aller meiner Wettbewerber bis runter auf die Produktebene vorbeten – auch im Schlaf."

Besondere Beachtung schenkt der Executive nicht nur den „Legacy-Playern", den altbekannten, bestehenden Wettbewerbern, sondern auch den innovativen und disruptiven neuen Playern, die in den Markt drängen. Sie repräsentieren gleich beides, größte Gefahr und größte Chance. Gefahr, weil sie mit neuen Innovationen den Markt auf den Kopf stellen können und den Legacy-Playern signifikante Marktanteile abringen können. Chance, weil sie mit viel Risiko Neues ausprobieren, welches die Organisation vielleicht kopieren oder zukaufen und sich damit neu erfinden kann. Der Executive sucht die Nähe zu diesen neuen Playern, um aus erster Hand und frühzeitig neue Entwicklungen kennenzulernen und entsprechend reagieren zu können.

3. Insights zu den Kunden

Der wichtigste strategische Hebel in praktisch jedem Geschäftsmodell ist der Umsatz. Ohne Umsatz sichert auch das beste Kostenprogramm nicht die nachhaltige Existenz der Organisation. Deshalb sind die Annahmen zu den Kunden der Schlüssel zum Erfolg eines jeden Geschäfts. Was motiviert den Kunden, das eigene oder ein fremdes Produkt zu kaufen? Wie verändern sich die Bedürfnisse und Sorgen der Kunden? Welche artikulierten oder auch latenten Kundenwünsche können identifiziert werden? Welche Budgets stehen dem Kunden zur Verfügung?

Trotz hohen Zeitaufwands bemüht sich der Executive daher regelmäßig, selbst tiefe Kundeninsights zu generieren. Dafür hält er direkten Kontakt zu einem überschaubaren Sample an unterschiedlichen Kunden. Er beschränkt sich dabei nicht auf seine Key Accounts, sondern versucht, sich ein eigenes Bild zu jeder charakteristischen Kundengruppe zu machen. Er scheut dabei auch nicht davor zurück, mit unzufriedenen Kunden in Kontakt zu treten. Im Gegenteil, besonders in diesen Interaktionen kriegt er am meisten Inputs für die Strategie seiner Organisation.

4. Vor- und nachgelagerte Industrien

Fast jedes Geschäftsmodell hängt auch an den vor- und nachgelagerten Industrien. Ist die Organisation beispielsweise Hersteller eines Konsumguts, hängt der eigene Erfolg auch stark an den Entwicklungen der Lieferanten von Rohstoffen und Halbfertigfabrikaten auf der einen Seite und dem Retail auf der anderen Seite ab.

Den meisten Strategien liegt die Annahme zugrunde, dass sich an diesen Fronten nichts ändern wird. Doch meistens erweist sich das im Nachhinein als falsch – ein typischer Fall, bei dem der Executive auf ein anderes Szenario strategisch umschalten muss. Oft ist es beispielsweise so, dass sich auf Händler- oder Abnehmerseite der Markt konsolidiert (viele kleine schließen sich zu großen zusammen). Die damit gewonnene Marktmacht wird zulasten der Geschäftspartner ausgespielt, Preise und andere Konditionen werden angezogen, was Strategieanpassungen mit sich bringt.

5. Personen und Talente

Während der Erfolg einer Strategie und damit des Executives aus externer Perspektive im Wesentlichen von der Attraktivität und Dynamik des Umfelds und der richtigen Positionierung darin abhängt, sind aus interner Sicht die Personen und Talente der Organisation entscheidend. Sie sind dafür verantwortlich, die Chancen des Marktes zu realisieren und die Herausforderungen zu bewältigen.

„In diesem Business braucht es eine Handvoll Key People für ein erfolgreiches Produkt – diese Talente müssen wir anziehen."

Der Executive macht im Rahmen seiner Strategieentwicklung ein genaues Assessment, mit welchen internen Kompetenzen und Fähigkeiten er rechnen kann, auch, wie belastbar und veränderungswillig seine Mitarbeiter sind. Er kann nur Strategiepfade einschlagen, die von der Organisation auch zu bewältigen sind. Es kann und soll durchaus Teil einer Strategie sein, die Kompetenzen und Fähigkeiten der Mannschaft zu stärken und zu erweitern – durch Weiterbildung der bestehenden Mannschaft, aber auch durch Rekrutierung von externen Talenten. Je nachdem wie schnell diese Entwicklung gelingt, treten unterschiedliche strategische Szenarien ein. Dafür definiert der Executive Entwicklungsstufen für seine Mitarbeiter, die erreicht werden müssen, um einen gewissen strategischen Meilenstein anstoßen zu können.

Klassisches Beispiel wäre etwa die Sprachkompetenz der Mitarbeiter. Eine Expansion ins Ausland kann erst wirklich erfolgen, wenn die dafür verantwortlichen Mitarbeiter Englisch oder die Sprache des Zielmarktes einigermaßen sprechen können. Sobald diese Bedingung erfüllt ist, kann der nächste strategische Schritt erfolgen.

6. Innovationen, Forschung und Entwicklung

Innovationen sind nur bis zu einem gewissen Grad planbar. Gute durchdachte Forschungs- und Entwicklungsstrategien versuchen zwar, einen verlässlichen Innovationsflow sicherzustellen. Aber wann genau ein neues Produkt gelauncht oder wann ein neues Verfahren genutzt wird, hängt von zu vielen Faktoren ab, als dass ein genaues Timing festgelegt werden kann.

Für den Executive ist es daher unumgänglich, in Sachen Innovationen sehr stark in Szenarien und Alternativen zu denken. Dies betrifft auf der einen Seite die eigene Organisation. Je früher Innovationen verfügbar sind, desto schneller kann man entsprechende strategische Maßnahmen einleiten. Es betrifft aber auch den Blick auf das Umfeld, die Wettbewerber und die innovativen neuen Player. Wenn außerhalb der Organisation eine neue Innovation einschlägt, hat das Konsequenzen für die eigene Organisation und erfordert oft eine Veränderung der Strategie in einen alternativen Strategiepfad hinein.

7. Regulierung

Die Regulierung spielt in nahezu jeder Branche eine wichtige und wachsende Rolle. Verändert sich die Regulierung, hat das in der Regel Einfluss auf die Strategie der Organisation. Der Executive ist informiert über die Entwicklungen der für seine Organisation relevanten Regulierungen, und zwar so früh wie möglich, nicht erst wenn sie in Kraft treten. Nur so können Szenarien mit alternativen Strategiepfaden entwickelt werden, um bei Inkrafttreten neuer Regeln entsprechende strategische Adjustierungen vornehmen zu können.

8. Blick ins Ausland

Bei der Strategiearbeit ist es oft ganz hilfreich, sich anzuschauen, wie die gleiche Branche in anderen vergleichbaren geografischen Märkten – in den USA, in Skandinavien, auf der iberischen Halbinsel – funktioniert. Vergleichbare Organisationen im Ausland sind in gewissen Entwicklungen vielleicht schon einen Schritt weiter, oder die Branche organisiert einen gewissen Prozess komplett anders.

Der Executive nimmt diesen Blickwinkel immer wieder einmal ein. Es geht nicht darum, die Situation im Ausland zwangsläufig zu kopieren. Man kann sie auch negativ dagegen abgrenzen, insbesondere wenn ein bestimmter Aspekt eben gerade schlecht läuft im Ausland. Aber es gehört zu seiner Denkweise, in Szenarien und Alternativen immer auch die Modelle der Peers im Ausland zu kennen und zu reflektieren.

Diese Analysefelder sind die Grundlage für jede gute Strategiearbeit. Je besser am Anfang analysiert wurde, je klarer das Bild ist, desto weniger sind später Anpassungen der Strategie nötig. Und wenn eine Anpassung nötig wird, sind die Szenarien schon grob durchgespielt, Vor- und Nachteile von alternativen Strategiepfaden eruiert, sodass eine zügige Strategieanpassung vorgenommen werden kann.

11 Riskiere viel und ergreife die Initiative

- Risiken sind ein notwendiger Bestandteil von unternehmerischem Handeln. In Summe müssen die Erfolge aus Risiken gegenüber den Misserfolgen überwiegen.
- Der Executive ist überdurchschnittlich risikofreudig. Er sucht konsequent die „guten Risiken" und betreibt dabei ein umsichtiges Risikomanagement.
- In der Organisation sucht der Executive unternehmerische Freiheiten und Entscheidungskompetenzen. Die fordert er bei Vorgesetzten und Kontrollorganen aktiv ein.

Risiken einzugehen ist ein notwendiges Übel in jeder Organisation, um Erfolge realisieren zu können. Wer sich nur in seiner Komfortzone bewegt und nur absolut wasserdichte Deals verfolgt, kommt nicht vom Fleck. Risiken sind zwar mit einer Wahrscheinlichkeit des Scheiterns belegt, bergen aber eben auch eine Wahrscheinlichkeit des Erfolgs.

Praktisch jede Entscheidung eines Managers ist mit Risiken verbunden. Soll ich neue Kundengruppen erschließen oder mich auf die Bestandskunden fokussieren? Soll ich Preise erhöhen oder senken? Soll ich investieren oder abwarten? Soll ich neue Mitarbeiter einstellen? Soll ich die Produktionskapazitäten erhöhen, um Skaleneffekte zu erzielen? Das sind alles risikobehaftete Entscheidungen. Manche werden sich als goldrichtig herausstellen, andere führen zu negativen Ergebnissen. Am Ende des Tages macht die Summe aus beidem, also den Erfolgen und Misserfolgen, das Ergebnis einer Organisation aus.

Executives sind deutlich risikofreudiger als andere Manager. Ihr Risikoappetit ist ein wesentlicher Treiber für ihren Erfolg und den Erfolg der von ihnen gemanagten Organisationen. Das heißt jedoch nicht, dass der Executive ein kopfloser Draufgänger oder furchtloser Zocker ist – im Gegenteil. Executives betreiben ein umfassendes Risikomanagement. Sie suchen die „guten Risiken", analysieren alle bekannten Aspekte genau und gehen mit einem umsichtigen Plan damit um. Dies beinhaltet insbesondere folgende fünf Routinen:

1. Nur kalkulierte Risiken eingehen

Der Executive geht nur kalkulierte Risiken ein. Er muss dafür den wahrscheinlichsten und auch den größtmöglichen Schaden kennen. Und dabei ein Gefühl dafür haben, mit welchen Wahrscheinlichkeiten diese Fälle eintreten können. Was ist die Schadenstoleranz der Organisation? Gefährde ich mit dem Risiko vielleicht sogar die Existenz? Diese Überlegungen werden dem möglichen positiven Szenario gegenübergestellt und abgewogen. Erst dann kann eine Entscheidung erfolgen.

Um ein Risiko einschätzen zu können, muss es kalkulierbar sein. Wenn in der Organisation Ungewissheit herrscht, ob oder mit welcher Wahrscheinlichkeit das Risiko eintritt, oder wenn sogar unklar ist, welcher Schaden oder welches positive Szenario eintreten könnte, dann lässt der Executive seine Finger davon. Solche Risiken einzugehen, wäre nicht vertretbar.

2. Risikoprofil konstant halten

Die Organisation und auch der Executive selbst haben ein bestimmtes Risikoprofil. Entweder ist dieses konkret ausformuliert oder es ergibt sich aus dem konkreten Handeln der Protagonisten. Das Risikoprofil kann aggressiv oder defensiv sein sowie alle möglichen Abstufungen dazwischen haben. Alle Möglichkeiten können richtig sein, es gibt grundsätzlich dabei kein richtig oder falsch. Das Risikoprofil hängt von der eigenen Risikobereitschaft, aber auch von der Risikofähigkeit ab.

Der Executive ist jedoch darauf bedacht, dass dieses Risikoprofil über die Zeit konstant bleibt, zumindest kurz- bis mittelfristig oder bis sich etwas an der Risikobereitschaft oder -fähigkeit ändert. Die Organisation kann nicht zwischen aggressiven und defensiven Risikoentscheidungen hin- und herswitchen. Um die Risiken sauber managen zu können, ist eine gewisse Konstanz notwendig.

3. Eingegangene Risiken regelmäßig neu prüfen

Mit der Entscheidung, ein Risiko in Kauf zu nehmen, ist das Risikomanagement nicht abgeschlossen. Auch die eingegangenen Risiken müssen laufend geprüft und neu evaluiert werden. Stimmen die Annahmen noch? Zeichnet sich vielleicht schon ein negatives oder auch ein positives Szenario ab? Der Executive hat einen ständigen Blick darauf.

Um seine Lernkurve in Risikoentscheidungen zu steigern, beobachtet der Executive auch die Risiken, die er abgelehnt hat. Hätte er vielleicht das Risiko doch eingehen sollen oder ist er froh, die richtige Entscheidung gefällt zu haben? Aus diesen Erkenntnissen kann er Rückschlüsse für künftige Entscheidungen ableiten. Auch beobachtet er die Risiken seiner Wettbewerber. Er hat einen guten Überblick, welche Risiken dort eingegangen wurden, und macht sich damit ein Bild, wieso sein Weg passender ist oder ob es Adjustierungen braucht.

4. Risiken diversifizieren

Ob aus einem eingegangenen Risiko ein Erfolg oder ein Misserfolg resultiert, hängt vom Eintreten bestimmter Ereignisse ab. Wird das eigene Produkt in einem ausländischen Markt genauso gut angenommen wie im Heimatmarkt? Schafft es ein Wettbewerber, ein gleichwertiges Angebot zu launchen? Reagieren die Konsumenten positiv auf die neue, teure Werbekampagne? Schafft es die Organisation, ihre Qualität aufrechtzuerhalten, obwohl 20 Prozent der Kosten herausgenommen werden?

Ob diese Ereignisse eintreten, ist bei der Entscheidung für oder gegen ein Risiko jeweils noch nicht sicher. Sowohl ein positives als auch ein negatives Szenario ist mit bestimmten Wahrscheinlichkeiten verbunden. Um das Gesamtrisiko für die Organisation jedoch zu minimieren, diversifiziert der Executive jeweils die Risiken, indem er sie auf das Eintreten unterschiedlicher Ereignisse streut. Er setzt beispielsweise nicht ausschließlich auf den Launch eines neuen Produkts, den Eintritt in einen neuen Markt oder auf eine interne Optimierung. Vielmehr macht er seine Risiken von nicht korrelierenden Ereignissen abhängig, sodass die Wahrscheinlichkeit eines Totalausfalls – alle negativen Szenarien treten ein – so weit wie möglich reduziert wird.

5. Risiko mit der hypothetischen persönlichen Haftung spiegeln

Der Executive ist in der Regel ein angestellter Manager, der über die Risiken der Organisation auf Rechnung Dritter entscheidet. Bei falschen Entscheidungen leidet er mit einem persönlichen Reputationsschaden oder gar einer zerstörten Karriere auch mit, doch geht der eigentliche Schaden, die Vernichtung von Vermögen, der Verlust von Arbeitsplätzen oder Betriebsstätten, nicht auf seine Rechnung.

Um dieses Dilemma zu überwinden, versetzt sich der Executive bei Risikoentscheidungen immer gedanklich auch in die Position der Eigentümer, Mitarbeiter oder der Öffentlichkeit. Er fragt sich also zum Beispiel bei einer Investitionsentscheidung, ob er die Investition auch selbst tätigen würde, wenn es sich um sein eigenes Geld handeln würde. Auch von seinen Mitarbeitern erwartet er eine ehrliche Antwort auf diese Fragestellung. Erst wenn diese Prüfung bestanden ist, kann auch eine Entscheidung für ein Risiko getroffen werden.

 „Das größte Risiko ist, kein Risiko einzugehen."

Im Unterschied zu anderen Managern ist der Executive nicht nur risikofreudiger, er will die Risiken auch aktiv und unternehmerisch angehen. Er ergreift die Initiative, sobald sich eine Opportunität ergibt. Er sucht dafür proaktiv die guten Risiken und ist überzeugt, dass er damit die Organisation voranbringt – das umfassende Risikomanagement im Rücken wissend.

Jede Organisation hat ihre Kontrollmechanismen und -organe. Sie sind wichtig, können aber einem unternehmerischen Manager – und ein Executive muss ein unternehmerischer Manager sein – auch im Wege stehen. Um schnell, selbstbewusst und unternehmerisch agieren zu können, weitet der Executive frühzeitig sein Kompetenzspektrum in der Organisation aus. Er pflegt dafür eine enge und vertrauensvolle Beziehung zu den Kontrollorganen, um die Entscheidungsgeschwindigkeit zu erhöhen. Weiter noch, er lässt sich Freigrenzen geben, um kleinere Risiken selbst ohne große Abstimmungsrunden eingehen zu können.

12 Veröffentliche Deine Strategie – verschweige Deine Taktik

- Die Strategie der Organisation wird fälschlicherweise oft geheim gehalten, weil ihre Manager eine negative Resonanz des Umfelds befürchten und vermeiden wollen, persönlich an der Strategie gemessen zu werden.
- Der Executive teilt seine Strategie mit einem breiten Kreis an Personen, um durch deren Challenging und fachlichen Input die Strategie noch weiter raffinieren zu können.
- Im Unterschied dazu wird die Taktik – die kurzfristigen und mittelfristigen Maßnahmen zur Umsetzung der Strategie – bis zuletzt streng geheim gehalten.

Die Strategie einer Organisation wird sehr oft als etwas Geheimes betrachtet. Man sieht die Strategie als etwas Intimes, das man nur mit seinem engsten Umfeld, wenn überhaupt, teilen möchte. Schließlich beinhaltet eine gut ausformulierte Strategie auch den ungeschminkten Blick auf den Status quo mit all seinen Problemen und gar Gefahren. Sie adressiert auch Fehler und Fehlentscheidungen der Vergangenheit, die das Management vielleicht zu verantworten hat. Und sie zeichnet ein Bild von der Zukunft, das womöglich nicht genau so oder sogar größtenteils anders eintreffen wird. Was, wenn ambitionierte Ziele komplett verfehlt werden?

Viele Manager teilen daher nur sehr ungern oder meist auch gar nicht ihre strategischen Festlegungen. Sie fürchten die Auseinandersetzung zum Beispiel mit den Mitarbeitern, die ja von strategischen Änderungen in starkem Maße betroffen sein können. Diese Manager ziehen es vor, Mitarbeiter mit Entscheidungen zu überraschen, und zwar erst kurz bevor diese dann auch umgesetzt werden. Sie wählen eine „Salamitaktik", obwohl sie eigentlich wissen, dass dies massiv an der Motivation und am Vertrauen nagt.

Gerne wird die Geheimnistuerei auch mit dem drohenden Wettbewerb begründet. Seinen Wettbewerbern die eigene Strategie zugänglich zu machen, wirkt für viele wie ein offensichtlicher Managementfehler. Wenn die Wettbewerber schon im Voraus wissen, was die eigenen nächsten Schritte sein werden, können sie frühzeitig reagieren und Gegenmaßnahmen einleiten – oder sogar gute Ideen kopieren und direkt Konkurrenz machen.

Schließlich ist an die Eitelkeit vieler Manager zu denken. Was, wenn man vollmundig erzählt, seinen Umsatz in fünf Jahren zu verdoppeln, und dann nur mit einem leichten Plus abschließt. Was werden die Medien sagen? Wie reagiert die Business-Community da drauf? Da wird oft vorgezogen, die Ziele geheim zu halten, sodass man nach Erzielung eines beliebigen Ergebnisses immer noch sagen kann, dass man damit genau im Plan liegt.

Der Executive teilt diese Sorgen nicht, im Gegenteil. Er macht die Strategie seiner Organisation immer publik. Wenn irgendwie möglich, präsentiert er seine Sicht auf den Markt, auf die Wettbewerber und wie er seine eigene Organisation darin positioniert sieht. Er sieht einen deutlichen Mehrwert, wenn er die Strategie mit seinem Umfeld teilt, challengen lässt und verteidigen muss. Eine Strategie ist nicht etwas Statisches, sondern dynamisch und muss laufend den neuen Erkenntnissen angepasst werden. Der Executive weiß, dass er nicht die Weisheit auf sich gepachtet hat. Daher zieht er aus der Diskussion mit den involvierten Ansprechpartnern einen Vorteil. Diese sind insbesondere:

1. Mitarbeiter

Die Mitarbeiter der Organisation sind die wichtigsten Stakeholder in der Umsetzung einer Strategie. Sie müssen die Strategie dafür in- und auswendig kennen, um auch bei ihren täglichen Entscheidungen und ihrem Handeln die strategischen Ziele und die Stoßrichtung stets zu berücksichtigen. Sie sind dabei eine enorm wichtige Feedbackquelle für den Executive, weil sie als Praktiker „an der Front" als Erste merken, was funktionieren kann und was nicht.

Der Executive berücksichtigt dieses Feedback bei der laufenden Optimierung seiner Strategie. Er muss die Inputs allerdings mit einem gewissen Abstand verarbeiten. Die Nähe zum Markt, zum Kunden, zum Produkt ist zwar sehr wichtig, kann aber in einigen Fällen auch zu einer beschränkten Perspektive führen. Die Aufgabe des Executives ist es, das Feedback mit einer gewissen Flughöhe zu reflektieren und daraus seine strategischen Schlüsse zu ziehen.

Ein klassischer Fehler von vielen Managern ist es, aus der Strategiearbeit eine basisdemokratische Übung zu machen und alle Mitarbeiter ergebnisoffen nach der strategischen Stoßrichtung der Organisation zu befragen. Das geht schief, wirkt führungsunfähig und ideenlos. Strategie ist die originäre Aufgabe des Executives und nicht der Mitarbeiter. Er muss im Minimum von sich aus die strategischen

Leitlinien vorgeben und erst wenn ein strategisches Grundraster steht, mit den Mitarbeitern dazu kommunizieren.

2. Lieferanten, Kunden und Geschäftspartner

Der frühzeitige Austausch über strategische Änderungen mit den Partnern in integrierten Wertschöpfungsketten ist entscheidend für die erfolgreiche Umsetzung einer Strategie. Gegebenenfalls müssen sie sich ja auch verändern und an die neue Strategie anpassen. Der Executive sucht daher den direkten und laufenden Austausch mit diesen Stakeholdern.

Zudem können Lieferanten, Kunden und weitere Geschäftspartner wertvolle Inputs zur Strategie liefern. Meist sitzt man ja im gleichen Boot, profitiert gegenseitig vom Erfolg des anderen und leistet daher gerne einen Beitrag. Lieferanten beispielsweise kennen oft auch die direkten Wettbewerber oder die Kollegen aus der gleichen Branche in anderen Regionen oder einem anderen Land. Sie können mit diesem Wissen die Strategie mit einem wesentlichen Mehrwert challengen. Gleiches gilt für die eigenen Kunden, die ja meist auch noch Erfahrungen mit anderen Lieferanten haben.

3. Medien, Universitäten und Öffentlichkeit

Die breite Öffentlichkeit wird den strategischen Wandel irgendwie mitbegleiten, ob die Organisation offen kommuniziert oder sich verschlossen gibt. Diese Auseinandersetzung kann nicht verhindert werden. Der Executive möchte dies auch nicht. Er erwartet auch aus diesem Austausch einen Mehrwert.

Beispielsweise kann die Interaktion mit Universitäten zu einem sehr fruchtbaren Input führen. Sie blicken mit einer wissenschaftlichen Brille auf die strategischen Fragestellungen und eröffnen dadurch noch einmal ganz andere

Perspektiven. Außerdem ist die Nähe zu Universitäten oder ein erhöhter Bekanntheitsgrad in Medien und der breiten Öffentlichkeit ein Vorteil im „War for Talents", der bei jedem strategischen Wandel eine wichtige Rolle spielt.

4. Unternehmensberater

Die Berater sind die Geübtesten aller hier erwähnten Stakeholder, wenn es um Strategien geht – es ist ihr tägliches Brot. Sie sind daher als Challenger und Ideengeber besonders geeignet. Sie liefern insbesondere durch ihre Einblicke bei Wettbewerbern, aber auch bei ausländischen Organisationen aus der gleichen Branche sowie Organisationen aus anderen Branchen einen entsprechenden Mehrwert. Während die Strategiediskussionen zum Beispiel mit Mitarbeitern oder Lieferanten sehr konkret und praktisch sind, ist der Austausch mit Beratern eher abstrakt. Beides ist wertvoll für die Strategiefindung.

Der Executive nutzt die Insights und das Feedback der Unternehmensberater natürlich für seine Strategieformulierung. Er übernimmt sie allerdings nicht blind. Sich von einer Unternehmensberatung einfach eine fertige Strategie liefern zu lassen, würde er nicht akzeptieren. Der Executive ist im Lead, und die Unternehmensberater sind ein wichtiger Orientierungspunkt in dem Prozess.

„Sie haben meine Strategie sicher genau analysiert. Was können wir aus Ihrer Sicht noch optimieren? Haben wir noch irgendwo eine Flanke offen?"

5. Wettbewerber

Auch die Diskussionen über die Strategie mit den Wettbewerbern können zu einem wertvollen Austausch in dem ganzen Prozess werden. Wo findet man sonst jemanden mit den größtenteils gleichen Chancen und Herausforderungen, den gleichen Freunden und Gegnern sowie dem gleichen Ärger. Wie jeder sein Umfeld sieht und damit umzugehen plant, ist für beide Seiten sehr interessant.

Unterscheidung von Strategie und Taktik

Strategieelement	Taktische Maßnahmen
Wir expandieren in das Marktsegment A, weil wir dort am meisten künftiges Wachstum sehen.	• Abwerbeangebot an ein Vertriebsteam des Wettbewerbers in diesem Marktsegment • Kaufangebote für Start-ups in diesem Marktsegment • Umschulungsmaßnahmen von Mitarbeitern aus anderen Geschäftsbereichen • Fusion mit einem Wettbewerber mit starker Position in dem Bereich • etc.
Wir investieren in Forschung und Entwicklung im Bereich X, weil wir überzeugt sind, dass dieser den Bereich Y verdrängen wird.	• Beauftragung Headhunter mit Suche nach talentierten Forschern und Entwicklern im Bereich X • Verhandlung über einen Kooperationsvertrag mit einer technischen Universität • Scouting in der Start-up-Szene nach Ventures im Bereich X • Budgetkürzungen und Investitionsstopp im Bereich Y • etc.
Wir suchen den mittelfristigen Ausstieg aus Geschäftseinheit Z, weil veränderte Regulierung zu nicht abbildbaren Kostenstrukturen führt.	• Beauftragung einer Transaktionsberatung zum Verkauf der Geschäftseinheit • Kostensenkungsprogramm inklusive Reduktion der Mitarbeiterzahl • Lobbyarbeit zur Verhinderung der restriktiveren Regulierung • Verlagerung der Produktion ins Ausland mit tieferen regulatorischen Anforderungen • etc.

Der Austausch kann so fruchtbar sein, dass er größtenteils verboten ist. Der Executive weiß, dass jeder Austausch mit einem Wettbewerber über den Markt und welche Strategien man verfolgt – insbesondere Preise, Mengen, Kunden – in den meisten Fällen gegen das Wettbewerbsrecht verstößt. Er beschränkt daher seine Kontakte zu den Wettbewerbern so weit wie rechtlich geboten.

Der Executive unterscheidet in seiner Kommunikation zu den erwähnten Stakeholdern jedoch strikt die Strategie von der Taktik. Während Erstere wie ausgeführt mit einem breiten Publikum zwecks Optimierung geteilt wird, bleibt Letztere, bis es zur Umsetzung von konkreten Maßnahmen kommt, streng geheim.

Bei der Taktik handelt es sich um kurzfristige bis mittelfristige Maßnahmen zur Umsetzung der Strategie. Die Strategie gibt die grobe Stoßrichtung für einen Zeithorizont von fünf bis zehn Jahren vor. Taktische Maßnahmen sind die einzelnen Bausteine, die auf die Strategie einzahlen. Sie haben einen begrenzten Zeithorizont und sind nach einer gewissen Zeit abgeschlossen. Es sind Eingriffe, die durchaus von verschiedenen Stakeholdern kritisch gesehen werden und auch wehtun können. Auch deshalb behandelt der Executive diese beiden Dinge in seiner Kommunikation unterschiedlich.

Wieso ist der Executive so freimütig, wenn es um die Kommunikation seiner Strategie geht? Die Vorteile aus dem strategischen Diskurs mit dem Umfeld überwiegen klar die Nachteile oder gar Gefahren von einer veröffentlichten Strategie.

Erstens ist für wirkliche Branchenkenner meist sowieso erkennbar, was die Strategie einer Organisation ist. Spätestens durch das Handeln einer Organisation sind Muster erkennbar, die in Summe die strategische Stoßrichtung deutlich machen. Eine Organisation kann man nicht einschließen, um zu verhindern, dass nichts nach außen dringt. Die Außenwelt ist schließlich stets in Interaktion mit der Organisation.

Zweitens ist eine Strategie in hohem Grade individuell auf die Organisation zugeschnitten. Was für die eine sehr gut passt, mag für die andere Organisation völlig falsch sein. Die Strategie richtet sich immer auch nach der konkreten Ausgangslage, den Fähigkeiten und Möglichkeiten der Organisation. Diese sind in der Regel sehr unterschiedlich. Die Gefahr von Kopien ist daher eher gering.

Und schließlich ist das Formulieren einer Strategie nur eine Seite der Medaille. Genauso wichtig ist die richtige und konsequente Implementierung der Strategie über einen längeren Zeitraum. Dabei haben der Executive und sein Team als originäre Autoren der Strategie einen deutlichen Vorteil. Sie haben alle Aspekte beleuchtet, Szenarien und Alternativen geprüft und sind damit am besten gewappnet für die harte Strategieimplementierung. Potenziell nachahmende Wettbewerber können dieses Level an Wissen und Erkenntnissen nie matchen.

Teil III
Der Executive als **Rhetoriker**

13 Rede wenig – höre zu

- Weitverbreitet unter Managern ist die Fehlannahme, jedes Gespräch mit einem spontanen Monolog beginnen zu müssen, bevor jemand anders zur Sprache kommt.
- Der Executive ist in Gesprächen erst sehr zurückhaltend, fokussiert sich aufs Zuhören und Fragenstellen. Erst wenn eine klare Auslegeordnung der Meinungen und Interpretationen auf dem Tisch liegt, steigt er aktiv ins Gespräch ein.
- Damit gewinnt er breitere und tiefere Erkenntnisse sowohl zur Sachlage als auch zu seinen Gesprächspartnern, die bessere Lösungen von Problemstellungen erlauben.

Viele Manager hören sich am liebsten selbst reden. Jede Interaktion mit ihnen, sei es zum Beispiel intern mit einem Mitarbeiter oder extern mit einem Geschäftspartner, startet erst einmal mit einem langen Monolog. Sie präsentieren Analyse der Problemstellung und Lösungsweg im Eilverfahren. Weil diese Manager diesen Ansatz rhetorisch so perfektioniert haben, kommen die Monologe zwar im ersten Moment auch ganz schlüssig rüber. Doch weil sie eben aus dem Stegreif entstehen, fallen sie in der Regel innerhalb kurzer Zeit wieder in sich zusammen und leisten im Endeffekt keinen Mehrwert. Diese Manager unterliegen der Fehlannahme, dass sie als Führungskraft auf alles eine Antwort und ihren Gesprächspartnern immer etwas voraushaben müssen. Damit schaden sie nicht nur ihrer eigenen Reputation, sie unterdrücken vor allem auch einen fruchtbaren Dialog, der einen wirklichen Mehrwert bringen kann.

Der Executive arbeitet genau umgekehrt. Er hält seine eigenen Beiträge in einem Gespräch erst einmal größtenteils zurück, bleibt ruhig und unvoreingenommen. Er lässt seine Gesprächspartner reden. Seinen Fokus legt er aufs Zuhören und Fragenstellen. Das Ziel ist, dass alle Daten und Fakten, die unterschiedlichen Meinungen oder Interpretationen, die Ziele und Bedürfnisse auf den Tisch kommen. Erst wenn diese Auslegeordnung vorliegt, fängt der Executive an, damit zu arbeiten, und steigt mit seiner eigenen Meinung ins Gespräch ein. Sein Redeanteil nimmt im Verlauf eines Gesprächs stetig zu. Er nimmt die einzelnen Bestandteile der Auslegeordnung, ergänzt sie wo nötig und fügt sie zu einer sinnvollen Lösung zusammen. Damit zieht er seine Gesprächspartner in seinem Sinne mit, weil ihre Bestandteile für eine gemeinsame Lösung genutzt werden.

„Der Schlüssel zu einer guten Diskussion sind nicht die schlauen Antworten, sondern die richtigen Fragen."

Durch seine zurückhaltende Gesprächsführung mit einem Fokus aufs Zuhören und Fragenstellen erweitert der Executive den Horizont einer Diskussion, statt voreilige Schlüsse zu ziehen. Er stellt ein breites Spektrum an Ideen, Lösungsansätzen oder Erkenntnissen sicher, woraus er sich die besten herausziehen kann und damit den höchsten Nutzen für die Organisation gewährleisten kann. Außerdem erzielt er folgende drei Wertbeiträge für einen fruchtbaren Austausch:

1. Ungefilterte Ideen anhören

Manager genießen in den meisten Diskussionen von Beginn an eine gewisse Autorität. Ihre Aussagen werden, ob gut oder schlecht, aufmerksam gehört und im folgenden Dialog wieder aufgenommen. Besonders Mitarbeiter legen oft jedes Wort ihres Vorgesetzten auf die Goldwaage. Sie merken sich die genannten Buzzwords und Eckdaten in einem Gespräch und integrieren sie automatisch in ihre Argumentation. Dieser vorauseilende Gehorsam ist entweder intuitiv antrainiert oder wird ganz bewusst taktisch gespielt, um auf einer Linie mit dem Vorgesetzten zu sein.

Auf die eine oder andere Art setzt ein Manager mit seinen Aussagen einen Anker bei seinen Gesprächspartnern. Die folgende Diskussion dreht sich dann in der Regel um diesen Anker. Man schaut weder links noch rechts, sondern versucht, das Gesagte zu untermauern und zu legitimieren. Im positiven Fall kürzt man damit eine lange Debatte ab, wenn das Ergebnis von Anfang an klar ist. Natürlich tut dies auch der Executive.

Doch was, wenn der gesetzte Anker in die falsche Richtung geht? Wenn nicht durchdachte Spontanaussagen den Anker für eine Diskussion setzen? Der Executive ist daher sehr zurückhaltend mit voreiligen Aussagen. Lieber lässt er in einer Diskussion erst einmal die ganze Bandbreite an ungefilterten Ideen diskutieren und grenzt sie mit zunehmendem Fortschritt des Austausches ein. So sichert er die besten Lösungen für komplexe Problemstellungen.

2. Ehrliches Feedback erhalten

Keine Organisation ist perfekt. Sie muss daher laufend an allen möglichen Stellen optimiert werden, um die Qualität und Effizienz weiter zu verbessern. Ehrliches Feedback ist dafür Gold wert. Statt ausführlicher Analysen geben Kunden, Mitarbeiter oder andere Stakeholder ohne großen Aufwand wertvollen Input für die Verbesserung der Organisation.

Wenn jedoch diese Personen in einem Gespräch kaum Gelegenheit haben, richtig zur Sprache zu kommen, oder sich der Gesprächspartner gar beratungsresistent gibt, erlischt die Motivation zum Feedbackgeben sehr schnell. Man muss daher in Gesprächssituationen entsprechende Freiräume schaffen, um wirklich ehrliches, konstruktives und frühzeitiges Feedback zu erhalten. Natürlich öffnet sich, wenn die Unzufriedenheit groß genug ist, trotzdem jedes Ventil. Doch ist dann schon sehr viel Geschirr zerschlagen. Es ist viel hilfreicher, frühzeitig Unzufriedenheit abzufangen und entsprechende Maßnahmen einzuleiten. Der Executive versucht mit seiner Zurückhaltung in Gesprächen, diese Freiräume zu schaffen, indem er erst seine Gesprächspartner kommen lässt, zuhört und Fragen stellt.

3. Wahre Stimmungslage erkennen

Menschen verraten sehr viel über ihre Stimmungslage, auch wenn sie dies nicht explizit aussprechen. Wie überzeugt ist der Sprechende davon, was er gerade sagt? Hat er eine Hidden Agenda? Wie steht er zu seinen Kollegen oder zu seinem Vorgesetzten? Gibt es unbekannte Seilschaften oder eine harte Konkurrenzsituation zwischen den Gesprächsteilnehmern?

Der Executive schafft es, durch seine anfängliche Zurückhaltung in Gesprächen seine Gesprächspartner vollständig zu lesen. Nervosität erkennt er durch schnelles Reden, unregelmäßige Atemzüge oder unruhige Fußbewegungen. Sympathie und Antipathie erkennt er durch entsprechende Blicke oder räumliche Nähe und Distanz zwischen den Gesprächspartnern. So scannt er gründlich alle Gesprächspartner mehrmals im Verlauf des Gesprächs von oben bis unten ab, um Erkenntnisse über ihre Stimmungslage zu gewinnen.

Diese Einblicke helfen dem Executive, die Sachlage komplett zu erfassen. Er nutzt diese Erkenntnisse im späteren Gesprächsverlauf als Hebel, um seine Interessen durchzusetzen. Ist beispielsweise einer seiner Mitarbeiter nervös, wird er versuchen, die Nervosität schnell zu lösen – einmal kurz zulächeln oder den Mitarbeiter vor allen Teilnehmern kurz für etwas loben, um ihm somit moralisch den Rücken zu stärken. Umgekehrt können die Erkenntnisse auch als Hebel für den eigenen Vorteil eingesetzt werden. Die Nervosität eines Verhandlungspartners oder eine erkannte Feindschaft innerhalb der Gegenpartei kann bewusst gegen die andere Seite genutzt werden, um einen Vorteil zu erzielen.

In Summe nehmen die Gesprächspartner die Diskussionsbeiträge des Executives mit seiner rhetorischen Zurückhaltung als deutlich wertvoller wahr. Die Wortmeldungen der Manager, die einfach mal drauflosplaudern und sofort zu jeder Thematik eine eigene Meinung haben, wirken sehr inflationär, womit ihr Wert als deutlich geringer wahrgenommen wird. Was soll man sich von einem unstrukturierten und dahingeplauderten Monolog schon merken können? Nichts. Durch seine zurückhaltende und durchdachte Wortwahl verleiht der Executive seinen Worten ein hohes Gewicht. Das Gesagte wird von allen memoriert und beherzigt.

14 Schaffe Ordnung in Besprechungen

- Schlecht organisierte Besprechungen sind die häufigste Form von Ineffektivität und Ineffizienz in den Führungsetagen vieler Organisationen.
- Der Executive pflegt daher eine straffe Meetingkultur in seiner Organisation, bestehend aus einer umfassenden und durchdachten Vorbereitung, aktiver Moderation sowie einer verbindlichen Nachbereitung durch die Teilnehmer.
- Wenn möglich und sinnvoll fordert er diese Regeln auch in Besprechungen ein, in denen er nur einfacher Teilnehmer ist.

Auf den Führungsetagen vieler Organisationen werden so viele Besprechungen organisiert, dass die meisten Teilnehmer nur noch von Termin zu Termin eilen. Sie haben so zwangsläufig keine Zeit, sich vorzubereiten, und sie werden dadurch daran gehindert, einen echten Mehrwert in die Diskussionen mit einzubringen. Vielen Besprechungen fehlt es auch an einer richtigen Gesprächsleitung. Statt die Ziele einer Besprechung vorab festzulegen, wird meist einfach drauflosgesprochen. Tendenziell sitzen in jeder Besprechung auch zu viele Teilnehmer. Man lädt lieber jemanden zu viel als zu wenig ein.

Das Ergebnis dieser Marotte: ein hohes Maß an Ineffektivität und Ineffizienz. Die Zeit von hoch bezahlten Managern wird in einem Marathon an schlecht organisierten Besprechungen gebunden, statt dass sie genügend Zeit haben, um ihren Verantwortungsbereich strategisch wirklich weiterzuentwickeln. Die Verbindlichkeit der eigenen Entscheidungen und Leistungen nimmt ab, weil die gefühlte Verantwortung zunehmend auf dem Kollektiv statt auf dem Individuum lastet. Selbst wenn gute Entscheidungen in langwierigen Besprechungen gefällt werden, fehlt die Zeit, diese richtig und umfassend umzusetzen.

Der Executive pflegt aus diesen Gründen in seiner Organisation eine sehr straffe Meetingkultur. Sein Ziel ist, dass seine Mitarbeiter ihre Zeit – die wichtigste Ressource auf der Führungsetage – möglichst effektiv und effizient einsetzen. Besprechungen sind oft notwendig und müssen dann auch durchgeführt werden. Sie sollen aber gut geplant, vor- und nachbereitet werden, sodass die gebundene Zeit so sinnvoll wie möglich genutzt wird. Er befolgt dafür die sechs folgenden Regeln:

1. Überprüfbares Ziel

Erst ein konkretes Ziel macht eine Besprechung wirklich notwendig. Das kann beispielsweise eine anstehende Entscheidung sein, die durch die Teilnehmer getroffen werden soll. Oder es werden in einem Arbeitsmeeting gemeinsam Inhalte erarbeitet. Auch die gegenseitige Information über ein bestimmtes Thema macht eine Besprechung notwendig.

Die Anforderung des Executives ist es jeweils, dass dieses Ziel oder die Ziele am Anfang einer Besprechung durch die Gesprächsleitung kommuniziert oder gemeinsam formuliert werden. Dabei ist sich der Executive nicht zu schade, beispielsweise sich selbst an ein Flipchart zu stellen, um das Besprechungsziel für alle sichtbar festzuhalten. Das

Ziel muss konkret und überprüfbar sein. Es wird, wenn sinnvoll, am Ende einer Besprechung noch einmal aufgegriffen, um den Erfolg der Besprechung zu messen oder weiteren Besprechungsbedarf abzuleiten.

2. Priorisierte Agenda

Auf Basis der Ziele entsteht die Agenda mit allen Diskussionspunkten der Besprechung. Nur was auf die Zielsetzung einzahlt, wird auch wirklich besprochen. Die Diskussionspunkte sind nach Priorität sortiert, sodass die wichtigsten Punkte die eher hohe Aufmerksamkeit der Teilnehmer am Anfang der Besprechung erhalten und dass bei Zeitnot zumindest diese Punkte abgehakt sind. Damit die Zeit gar nicht erst zum Problem wird, werden für jeden Diskussionspunkt ein Zeitrahmen und eine klare Verantwortlichkeit bei den Teilnehmern festgelegt.

3. Notwendige Teilnehmer

Je mehr Teilnehmer in einer Besprechung sitzen, desto länger wird auch diskutiert. Jeder wird sich mit in die Besprechung einbringen wollen, obwohl meist der Grenznutzen eines zusätzlichen Wortbeitrags sehr gering ist. Der Executive ist bei der Teilnehmerzahl daher sehr strikt. Es gehört für ihn standardmäßig zu der Vorbereitung einer Besprechung, festzulegen, welche Personen für welche Themenstellung wirklich nötig sind und einen Mehrwert liefern.

4. Aussagekräftige Dokumente

Eine gute Vorbereitung aller Teilnehmer auf eine Besprechung trägt wesentlich zu einer effektiven und effizienten Durchführung bei. Jeder muss schon vor Beginn die kritischen inhaltlichen Punkte kennen, vielleicht sogar noch zusätzliche Rücksprachen getroffen und sich dazu eine Meinung gebildet haben.

Es gehört zur Verantwortung des Organisators, sicherzustellen, dass alle Teilnehmer aussagekräftige Dokumente vorab zugestellt bekommen. Die Dokumente müssen so knapp wie möglich gestaltet sein und frühzeitig bei den Teilnehmern ankommen, dass eine entsprechende Vorbereitung zeitlich auch möglich ist.

Die Erwartung an die Teilnehmer ist es, diese Vorbereitungen auch zu machen. Der Executive scheut nicht davor zurück, eine Besprechung abzubrechen, wenn er feststellt, dass die Teilnehmer ungenügend vorbereitet oder gar noch nicht im Thema drin sind.

5. Aktive Moderation

Das A und O einer erfolgreichen Besprechung ist die Moderation. Der Gesprächsleiter muss eine Besprechung aktiv moderieren und darf nicht einfach nur ein Teilnehmer wie jeder andere sein. Diese beiden Rollen sind sehr unterschiedlich. Der Executive übernimmt je nach Situation diese Rolle selbst oder delegiert sie an einen teilnehmenden Mitarbeiter.

Die Moderation fängt bei der Kommunikation der oben beschriebenen Punkte an. Der Gesprächsleiter eröffnet eine Besprechung mit den Zielen und der Agenda. Gesprächsleitung heißt auch Führung. Er darf also durchaus auch Erwartungen an die Teilnehmer formulieren und vielleicht damit verbunden auch erklären, welche Rolle oder Aufgabe er in jedem Teilnehmer für die Besprechung sieht.

Der Gesprächsleiter sichert während des Besprechungsverlaufs stets den Mehrwert der Diskussion. Mit Blick auf die Ziele und die Agenda sowie auch auf die Zeit hält er die Wortbeiträge der Teilnehmer auf Kurs. Er unterbricht aktiv, wenn jemand thematisch abschweift, lange Monologe führt, bereits Gesagtes wiederholt oder unnötigerweise zu stark ins Detail geht. Hierarchie darf den Gesprächsleiter nicht abschrecken, in diesen Fällen durchzugreifen.

Zum Abschluss der Besprechung fasst er die Ergebnisse zusammen und bewertet diese mit Blick auf das anfangs formulierte Ziel. Die Besprechung wird erst aufgelöst, wenn die Aufgaben mit ihren Verantwortlichen und einem entsprechenden Zeitrahmen vereinbart wurden.

6. Verbindliche Nachbereitung

Jede auch noch so kurze oder auch informelle Besprechung muss nachbereitet werden. Welche Implikationen ergeben sich aus der Besprechung? Das sind beispielsweise die zu erledigenden Aufgaben der Teilnehmer, Informationen an Abwesende oder der Bedarf an weiteren Besprechungen. In der Regel ist es sinnvoll, wenn der Gesprächsleiter die Besprechung auch schriftlich kurz zusammenfasst und alle Teilnehmer entsprechend mit der Dokumentation versorgt.

Auch der Executive kann nicht bei allen Besprechungen seine Vorstellungen einer guten Meetingkultur umsetzen. Manchmal ist er beispielsweise nur ein einfacher Teilnehmer oder sogar Gast in einer anderen Organisation. Wenn solche Besprechungen schlecht organisiert sein sollten, versucht er, wenn möglich und sinnvoll, auch in diesen Meetings eine gewisse Ordnung zu schaffen. Klassischerweise fordert er auch als Teilnehmer eine Zielsetzung oder Agenda ein. Im Extremfall fragt er auch gerne in die Runde, wer „hier eigentlich verantwortlich" sei, und übernimmt im Zweifel gleich selbst die Gesprächsleitung. Als gewiefter Stratege und Rhetoriker tut er dies jedoch nur dann, wenn er damit in der anwesenden Gruppe eine entsprechende Duftnote setzen möchte.

15 Rede über die Zukunft – nicht über die Gegenwart

- Der konstante Wandel im Umfeld jeder Organisation zwingt sie zur ständigen Transformation. Dies ist für viele Stakeholder mit Unsicherheit und Risiko verbunden.
- Der Executive knüpft in der Kommunikation der nötigen Transformation immer an sein Zielbild an, das eine positive Zukunft für die Organisation skizziert, mit der man sich identifizieren und auf die man stolz sein kann.
- Er erzielt damit eine deutlich höhere Motivation und Akzeptanz für seine Strategie, weil die Stakeholder nicht nur Verluste durch harte Maßnahmen, sondern auch Gewinne durch eine bessere Zukunft wahrnehmen.

Das Umfeld jeder Organisation ist in konstantem Wandel. Innovative Technologien erschließen neue Möglichkeiten. Gesellschaftliche Trends verändern Konsum- und Lebensgewohnheiten. Neue Gesetze oder Regulierungen verbieten Verfahren oder ermöglichen plötzlich neue Geschäftsmodelle. Neue Player machen der Organisation unerwartet Konkurrenz. Meist kommen diese Dinge nicht einzeln, sondern alle gleichzeitig auf die Organisation zu. Es gibt daher keine Organisation, die nicht in einer ständigen Transformation steckt. Veränderung ist die Regel, nicht die Ausnahme. Eine Organisation, die an Ort und Stelle stehen bleibt, ist morgen schon nicht mehr da.

Das Problem: Die meisten Menschen mögen keine Veränderung. Sie sind schließlich nicht nur Beobachter, sondern aktive Teilnehmer und Betroffene der Transformation. Sie müssen sich von gewohnten Dingen trennen und sich selbst in vielen Bereichen verändern und neu erfinden. Das fällt vielen Menschen schwer. Veränderung bedeutet für sie ein Weg ins Ungewisse mit viel Unsicherheit und Risiko. Dass aus einer Veränderung auch etwas Positives entstehen kann, wird vielen in der Wahrnehmung von den negativen Gefühlen verdrängt.

Der Executive setzt daher in seiner Rhetorik bewusst auf eine positive Darstellung der Zukunft. Als Orientierungspunkt dafür nimmt er sein Zielbild, die strategische Positionierung der Organisation im neuen Umfeld der Zukunft. Das Zielbild ist immer etwas Positives. Schließlich definiert niemand eine Strategie, in der die Organisation schlechter dasteht als heute. Die Organisation im Zielbild ist immer angesehener, respektierter, effizienter, effektiver, profitabler sowie meist größer und bedeutender. Es beschreibt einen Zustand der Organisation, mit dem sich jeder identifizieren kann, ja sogar stolz sein kann. Jeder möchte deswegen ein Teil davon sein.

Hat sich dann einmal ein Konsens hinsichtlich des Zielbildes gebildet, ermöglicht die gewonnene Klarheit über den Endzustand der Organisation, auch offener über den steinigen Weg dahin zu sprechen: Arbeitsplätze gehen verloren, neue kommen hinzu. Die Produkte von gestern werden ersetzt durch die Produkte von morgen. Neue Kollegen und Geschäftspartner kommen in die Organisation, andere werden verabschiedet. Kurz, eine Organisation in Transformation muss viele schwierige Maßnahmen durchleben. Die Akzeptanz dieser Maßnahmen ist viel höher, wenn dank Zielbild klar ist, wohin die Reise geht und wieso die Veränderung nötig ist.

Harte Maßnahmen, anders verpackt

Gegenwart als Orientierungspunkt	Zukunft als Orientierungspunkt
„Unsere Kostenstruktur liegt deutlich über der von unserem Wettbewerber. Wir müssen deshalb die Kosten um 20 Prozent senken."	„In fünf Jahren möchten wir unseren Wettbewerber als Nummer eins im Markt ablösen. Um gemeinsam dieses Ziel zu erreichen, müssen wir auch bei den Kosten fitter werden."
„Wir werden Teile der Fertigung in unser Werk in Polen auslagern, um von den tieferen Kosten profitieren zu können. Für die Mitarbeiter im Stammwerk finden wir eine neue Aufgabe."	„Unser Stammwerk wird zu einem Innovationshub für Digitalisierung. Damit unsere Mitarbeiter dafür neue Freiräume erhalten, werden Teile der Fertigung neu im Werk in Polen angesiedelt."
„Alleine können wir in diesem kompetitiven Markt nicht überleben. Deshalb haben wir mit unserem Wettbewerber fusioniert."	„Die Fusion mit unserem Wettbewerber eröffnet uns durch die gestärkte Marktposition in Zukunft mehr Wachstum und Innovation."

Hier liegt der wesentliche Unterschied in der Rhetorik des Executives zu anderen Managern. Beide ergreifen im Prinzip dieselben Maßnahmen zur Veränderung der Organisation. Sie unterschieden sich aber in der Kommunikation. Die anderen Manager setzen dabei auf die Gegenwart als Orientierungspunkt. Sie beschreiben die Fehler und Probleme der Gegenwart, um den Handlungsbedarf zu begründen. Sie landen dabei automatisch in einer Konfrontation: „Heute machen wir alles falsch, daher müssen wir folgende Maßnahmen ergreifen." „… man sollte, … man müsste …"

Damit gewinnt der Manager keine Menschen für die eigene Zielsetzung. Es fehlt der positive Ausblick.

Obwohl die Maßnahmen in beiden Methoden faktisch identisch sind, erzielt der Executive mit seiner positiven Rhetorik eine deutlich höhere Motivation und Akzeptanz bei seinen Stakeholdern. Der Grund dafür liegt in der Wahrnehmung von Verlust und Gewinn. Orientiert man sich nur an der Gegenwart, bedeutet jede Maßnahme für den Einzelnen einen Verlust. Verknüpft man diese Maßnahme jedoch mit der positiven Zukunft, wird der gleiche Verlust durch einen Gewinn, die bessere Zukunft, saldiert oder sogar netto als Gewinn wahrgenommen.

16 Sprich lauter als die anderen

- Manager müssen für die Durchsetzung ihrer Ziele und Ideen eine natürliche Autorität gegenüber ihren Stakeholdern ausstrahlen.
- Der Executive vertraut auf eine Reihe von Routinen, um an natürlicher Autorität zu gewinnen und sie zu stärken, unter anderem spricht er lauter als seine Gesprächspartner.
- Rein physische Faktoren wie die Körpergröße spielen in der Wahrnehmung von Autorität zwar auf den ersten Blick, aber nicht langfristig eine Rolle.

Ein Manager ist darauf angewiesen, dass er von seinen Stakeholdern als Führungsperson akzeptiert wird, damit seine Entscheidungen mitgetragen werden und damit seine strategische Richtung für die Organisation angenommen wird. Er muss dafür in den entscheidenden Momenten im Zentrum stehen, als glaubwürdiger Orientierungspunkt dienen und als Entscheider akzeptiert werden. Kurz: Er muss dafür bei seinen Stakeholdern eine hohe Autorität genießen.

Die Natur stattet uns Menschen mit unterschiedlichen äußerlichen Qualitäten aus. Rein körperlich strahlen Menschen, die groß gewachsen, kräftig gebaut und mit vollem

Haupthaar gesegnet sind, natürlicherweise eine höhere Autorität aus als andere. Doch das Fehlen von diesen Qualitäten hat viele Executives trotzdem nicht am Erfolg gehindert. Vielleicht sogar genau deshalb, weil sie gezwungen waren, sich um die Stärkung ihrer Autorität zu kümmern. Kleinwüchsige Führungspersönlichkeiten von Napoleon Bonaparte bis Wladimir Putin lassen grüßen. Die naturgegebenen Autoritätsmerkmale mögen auf den ersten Blick wichtig sein, doch im Endeffekt sind Charakter und Verhalten viel wichtiger für die Gewinnung und Stärkung der natürlichen Autorität des Executives.

Natürliche Autorität zu gewinnen und zu stärken, lässt sich nicht durch wenige einmalige Aktionen erzielen. Vielmehr ist es ein Ergebnis aus einer Reihe von gezielten, wiederkehrenden Handlungen und Verhaltensweisen in der täglichen Interaktion mit dem Umfeld. Der Executive vertraut dabei vor allem auf folgende vier Routinen:

1. Opener inszenieren

Gute Rockstars haben einen ganz spezifischen „Opener", mit dem sie ihre Bühnenshow kurz vor dem Beginn ankündigen. Das kann zum Beispiel eine eindringliche Melodie, eine Lightshow mit viel Bühnennebel oder ein kurzes Video auf dem Stadionscreen sein. Einige lassen sich auch gerne von einem Stadionsprecher ankündigen. Wie auch immer. Der Opener ist ihr unverkennbares Intro. Jeder weiß: Jetzt geht's los.

Der Opener des Executives ist zwar deutlich weniger spektakulär, aber er hat einen. Statt sich unbemerkt in Termine hereinzuschleichen, hat er gewisse Signale entwickelt, die ihn allen Teilnehmern gebührend ankündigen. Am häufigsten verbreitet ist, sich von jemandem ankündigen zu lassen. Der Executive beauftragt dafür seine Assistenz oder einen Mitarbeiter, ihn kurz vor einer Besprechung noch für einige Minuten zu entschuldigen und dann, wenn er kommt, wird das auch noch mal kurz – wie der Stadionsprecher beim Rockstar – angekündigt. Sowieso ist absichtliches Zuspätkommen zwar sehr unhöflich, aber eine häufig genutzte Methode, einen eindringlichen Opener zu landen. Ganz frech, aber effektiv ist dann noch die Ergänzung: „So, wir können anfangen."

Jeder Executive hat ein individuelles Repertoire an Openern. Sie sind auch abhängig von der spezifischen Ausgangslage, dem Standing in der Organisation oder den räumlichen Gegebenheiten. Einen besonders guten Auftritt kann man beispielsweise machen, wenn man eine separate Türe von seinem Büro in einen Besprechungsraum hat. Aber eben nur wenn. Wichtig ist, dass der Executive dieses Repertoire entwickelt, ausprobiert und dann konsequent umsetzt.

2. Sitzplatz richtig wählen

Je größer ein Raum ist und je mehr Leute sich in diesem Raum aufhalten, desto eher kann man in der Wahrnehmung der Teilnehmer untergehen. Der Executive setzt sich nie zufällig irgendwo hin. Er sucht sich den einen Sitzplatz aus, wo er am besten zur Geltung kommt. Das kann traditionellerweise am Kopf des Tisches sein, muss es aber nicht. Je nach Sitzordnung kann man am Kopf des Tisches auch etwas abseits vom Geschehen stehen.

Der Executive achtet bei der Wahl seines Sitzplatzes darauf, dass er für alle Teilnehmer sichtbar ist und dass er zu allen sprechen kann. Wenn es so etwas wie einen Mittelpunkt des Raumes gibt, hält er sich dort auf. Zudem schaut er sich an, wo die anderen wichtigen Teilnehmer sitzen. Ist absehbar, dass bei einem Termin zwar viele Personen teilnehmen, die wesentlichen Punkte aber unter wenigen wichtigen Teilnehmer ausgemacht werden, setzt er sich genau dort hin.

Ist der Sitzplatz einmal ausgewählt, stellt er sicher, dass er dort auch als Autorität wahrgenommen werden kann. Das sind subtile Optimierungen für die Wirkung in einem Termin. Kann ich die Sitzhöhe des Stuhls etwas höher einstellen, damit ich größer wirke? Bin ich sichtbar und nicht zugebaut mit Wasserflaschen oder Kaffeekannen? Kann ich zwischendurch sogar aufstehen, um in aufrechter Haltung meine Punkte klarzumachen?

Klare Hackordnung durch „Aha!"

In vielen Terminen gibt es keine klare Hackordnung. Es sitzen Manager gleicher Ebenen zusammen, es treffen sich Vertreter unterschiedlicher Organisationen, oder externe Berater sitzen mit am Tisch. Es gibt daher in vielen Fällen nicht immer einen Chef oder Ranghöchsten in einer Besprechung.

Nichtsdestotrotz wird in solchen Terminen der eine oder andere versuchen, die Oberhand zu gewinnen, um seine Interessen besser durchsetzen zu können. Der Executive in diesem Beispiel erreicht dies mit einem ganz besonderen rhetorischen Trick. Immer wenn jemand anders spricht, kommentiert er die Aussagen jeweils mit einem klar hörbaren lauten „Aha!", „Ach so!" oder „Mmmhhh". Jeder Redner schaut ihn zwar erst verdutzt an, fängt dann aber zunehmend an, direkt zum Executive zu sprechen, um ihn für seine Aussagen zu gewinnen.

Durch seine eingeworfenen und für alle hörbaren Kurzkommentare wird der Executive zum Orientierungspunkt des Gesprächs. Seine kritischen Fragen und Bemerkungen werden besonders beachtet. Er schafft es damit, die Gespräche in seinem Sinne zu dominieren.

3. Lauter sprechen

Die eigene Stimme ist eines der wirkungsvollsten Instrumente, um sich Autorität zu verschaffen. Der Executive hat sich deshalb eine Gesprächslautstärke antrainiert, die immer ein Stück über den anderen Gesprächspartnern liegt. Besonders Begrüßungsformeln werden oft in einer fast übertriebenen Lautstärke vorgetragen. Ein beherztes „Guten Morgen" beim Betreten eines bereits geschäftigen Konferenzraums führt zur gewünschten Aufmerksamkeit. Aha, jetzt ist der Chef da – wir können anfangen.

Es ist jedoch ein schmaler Grat. Der Einsatz der Stimme muss immer wohldosiert und angebracht sein. Natürlich gibt es auch Momente, wo genau das Gegenteil, eine sanfte und einfühlsame Stimme, angebracht ist. Die richtige Dosierung ist die große Kunst. Der Einsatz der Stimme muss überlegt und kontrolliert sein. Jemanden anzuschreien ist beispielsweise ein Zeichen der Schwäche und vor allem dafür, eben nicht mehr volle Kontrolle über sich selbst zu haben.

4. Gastgeber sein

Schließlich gewinnen und stärken Executives ihre Autorität, indem sie ein umsorgter Gastgeber für ihre Besucher sind. Sie schauen sich dafür einiges von authentischen und erfolgreichen Gastronomen ab. Es muss alles ein bisschen übertrieben wirken. Besucher werden ausführlich begrüßt, „… schön, dass Sie hier sind … ich habe mich besonders gefreut auf Sie … es ist uns eine Ehre, Sie hier zu haben …" Gefolgt wird die Begrüßung von einer Vorstellung der Umgebung, sei es die Kunst an den Wänden, der Neubau gegenüber oder eine Aktualität des Hauses.

Zur Rolle als Gastgeber gehört nicht nur die charmante Begrüßung. Der Executive ist in Terminen auch immer um das Wohl aller Beteiligten besorgt. „Hat man Ihnen auch schon etwas zu trinken angeboten?" Falls nein, ist er sich nicht zu schade, sich persönlich darum zu kümmern. Dadurch, dass er die Teilnehmer eines Termins umsorgt, wie wenn sie bei ihm zu Hause zu Besuch wären, positioniert er sich als „Herr des Hauses" – auch wenn das Haus vielleicht nur ein Konferenzraum ist.

Natürliche Autorität ist abschließend also nicht etwa eine Gabe der Natur, sondern vielmehr das Ergebnis vieler gut platzierter, täglicher Handlungen und Verhaltensweisen. Jeder Mensch kann sich diese aneignen und damit seine Autorität gegenüber seinen Stakeholdern gewinnen und stärken. Rein physische Gegebenheiten wie etwa die Körpergröße spielen dann eine eher untergeordnete Rolle.

17 Pflege Dein eigenes Vokabular

- Eine Organisation pflegt in der Regel einen ganz eigenen Sprech in ihrem abgegrenzten Personenkreis, der nach außen zwar differenziert, intern jedoch sehr monoton wirkt.
- Der Executive reichert daher seine Rhetorik mit einem eigenen Vokabular an, das er subtil in seine Präsentationen und Gespräche einflechtet.
- Sein Einfluss auf die Organisation zeigt sich dann auch dadurch, wie viele Personen wie oft sein Vokabular in den Sprech der Organisation integrieren.

Wenn ein begrenzter Kreis an Personen eng an gemeinsamen oder ähnlichen Fragestellungen arbeitet, entsteht eine Art gemeinsamer Sprech, den alle Personen in diesem Kreis beherzigen. Das passiert so in den meisten Organisationen, aber auch in bestimmten Branchen, in Fachbereichen oder in einer spezifischen Szene. Die Gruppe differenziert sich gemeinsam von der Außenwelt dadurch, dass sie gleiche Worte, gleiche Formulierungen und gleiche sprachliche Darstellungsformen pflegt.

Als Teil dieses Personenkreises muss der Executive ebenfalls diesen Sprech anwenden, um seine Zugehörigkeit damit zu manifestieren. Nichtsdestotrotz führt das auch zu einer sprachlichen Monotonie innerhalb der Gruppe. Gegen außen grenzt die Organisation sich zwar sprachlich sehr gut ab, innerhalb wird aber das vermeintlich individuelle Vokabular inflationär benutzt. Damit er aus der Monotonie herausstechen kann, ergänzt der Executive den Sprech bewusst mit eigenem Vokabular und schafft es damit, als Führungspersönlichkeit eine ganz persönliche sprachliche Duftnote zu setzen.

Dieses eigene Vokabular wird ganz subtil in die normale Rhetorik eingeflochten. Der Executive spricht natürlich keine eigene Sprache, vielmehr spickt er seine Präsentationen und Gespräche mit den drei folgenden Aspekten:

1. Eigene Metaphern

Das Sprechen in Bildern ist eine sehr schöne und gewinnende Art, seine Aussagen einprägsam zu untermauern. Der Executive nutzt dieses Stilmittel sehr oft. Er wählt dafür Metaphern aus einem jeweils identischen Themenbereich, der zu seinem Hintergrund oder seinen Interessen passt und somit unverkennbar von ihm kommt.

Ist der Executive beispielsweise leidenschaftlicher Segler, nutzt er Metaphern wie „Kursänderung", „hoher Wellengang", „Umflaggen" oder „Wind aus den Segeln nehmen". Der passionierte Gärtner spricht von „Säen", „Ernten", „Blütezeit" oder „Unkraut entfernen". So finden auch Hobbypiloten, Jäger, Musiker und so weiter ihre persönlichen Metaphern.

2. Eigener Beispiel-Case

Komplexe Sachverhalte lassen sich meist besser anhand von vereinfachten Beispielen erklären und diskutieren als anhand von aktuellen Themen aus der eigenen Organisation oder der konkreten Situation. Der Executive hat für diesen Zweck einen eigenen Beispiel-Case festgelegt, den er bei verschiedenen Gesprächen immer wieder heranzieht.

Ein Beispiel-Case für einen Executive ist musterhaft die Pizzeria gegenüber dem Büro. Es handelt sich um ein sehr einfaches Geschäftsmodell: Kaufe leckere Zutaten, lasse sie durch einen erfahrenen Pizzaiolo veredeln und serviere sie mit viel Charme in einem ansprechenden Ambiente. Die Pizzeria muss dann herhalten für alle möglichen beispielhaften Diskussionen – von Finanzen über HR bis hin zu Marketing.

3. Eigene Worte

Schließlich sucht der Executive nach ein paar wenigen eigenen Worten, die im allgemeinen Sprachgebrauch kaum genutzt werden und er somit selbst exklusiv nutzen kann. Er sammelt diese eigenen Worte aus unterschiedlichen Quellen.

Fremdsprachen sind eine davon. Es gibt gewisse Ausdrücke, die es in der Muttersprache so nicht wirklich gibt, wofür aber vielleicht die Amerikaner, Spanier, Franzosen oder Japaner einen absolut treffenden Ausdruck haben. Auch in der Muttersprache findet man immer wieder seltene oder antiquierte Ausdrücke, die man häufiger als üblich nutzen kann.

Das eigene Vokabular des Executives wird nicht lange exklusiv von ihm genutzt. Je besser seine Rhetorik ist und je mehr er von seinen Stakeholdern als Führungspersönlichkeit akzeptiert wird, desto mehr wird sein Vokabular auch in den gemeinsamen Sprech übernommen. Das ist ein sehr guter Gradmesser dafür, welches Gewicht sein Wort auf diese Personen hat. Weil der Urheber des unverkennbaren Vokabulars allen bekannt ist, kann der Executive auch sehr gut in die Organisation und darüber hinaus signalisieren, wie groß sein Einfluss ist.

18 Begünstige die Legendenbildung

- Die Manager dienen den Stakeholdern als emotionaler Referenzpunkt einer Organisation, zu denen die meisten eine ambivalente Beziehung haben.
- Der Executive steuert aktiv, wie sich diese ambivalente Beziehung ausprägt, indem er sorgsam kuratierte Legenden über sich und die Organisation mithilfe seines Inner Circles verbreitet.
- Die Legenden verlängern die Reichweite seiner Ideen und Überzeugungen in die Organisation, auch wenn er persönlich nicht bei einem Anlass oder einer Entscheidung anwesend ist.

Jeder Mensch verbindet eine ihm bekannte Organisation mit bestimmten Referenzpunkten. Viele denken beispielsweise an die Produkte dieser Organisation. Vielleicht konsumiert man sie selbst gerne oder hat umgekehrt eine starke Aversion dagegen. Oder man denkt an den physischen Fußabdruck, also etwa eine bestimmte Fabrik, das eindrückliche Verwaltungsgebäude oder eine Filiale in der Nähe. Sehr oft, und vor allem wenn es emotional wird, denkt man jedoch an die Manager oder den einen prägnanten Manager der Organisation. Je enger man mit der Organisation verbunden ist, allen voran die Mitarbeiter, aber auch Kunden, Lieferanten oder Dienstleister, desto mehr stehen die Manager als offizielle Vertreter der Organisation als Referenzpunkt im Fokus.

Die meisten Menschen haben zu diesen Managern eine ambivalente Beziehung. Man verachtet ihre kalte Konsequenz, wenn es um einschneidende Maßnahmen geht. Gerne bezeichnet man sie auch als arrogant und selbstverliebt. Man lästert über gewisse Entscheidungen, die man selbst vielleicht anders getroffen hätte oder von denen man selbst sehr stark betroffen ist. Umgekehrt prahlt man auch gerne damit, wie eng man mit den Managern ist. Wie gut man sie kennt und was man schon alles zusammen erlebt und bewegt hat. Der Manager dient allen Stakeholdern als Projektionsfläche, an der man die Themen der Organisation abarbeitet.

Über den Manager wird daher deutlich mehr in seiner Abwesenheit als in seiner Anwesenheit gesprochen. Die meisten Manager kümmern sich jedoch trotzdem vor allem nur darum, wie sie bei ihrer Anwesenheit auf andere Personen wirken. Das ist ein Fehler. Sie erhalten dabei nicht nur eine stark gefilterte Resonanz, weil nur die wenigsten Menschen einer Autoritätsperson ihre ehrliche Meinung kundtun, sondern sie beschäftigen sich nicht mit der viel wichtigeren Wahrnehmung ihrer selbst bei Abwesenheit.

Der Executive deckt diese Flanke ganz bewusst ab. Es geht ihm dabei nicht darum, aus narzisstischer Motivation zu kontrollieren, wie und was über ihn gesprochen wird, wenn er nicht anwesend ist. Das Ziel ist ein anderes. Er möchte damit seine Reichweite in die Organisation verlängern. Was heißt das? Der Executive kann nicht bei jedem wichtigen Anlass und bei jeder Entscheidung mit dabei sein. Trotzdem möchte er die Organisation mit seinen Ideen und Überzeugungen prägen. Er streut dafür „Legenden" über seine Person mit dem Kalkül, dass seine Haltung zu konkreten Fragestellungen auch in seiner Abwesenheit antizipiert und berücksichtigt wird. Die oben beschriebene ambivalente Beziehung lässt sich damit nicht ausschalten. Im Gegenteil, der Executive setzt sie bewusst strategisch für sich ein, indem er mithilfe der Legenden beeinflusst, wofür er geliebt und gefürchtet wird.

Der Executive arbeitet zur Legendenbildung insbesondere mit folgenden vier Handlungsfeldern:

1. Heldengeschichten

Menschen mögen Heldengeschichten. Sie sind spannend und unterhaltend. Sie erzählen vom Kampf des Guten für die richtige Sache. Jeder kann sich damit identifizieren und möchte am liebsten auch Teil der Geschichte sein. Die Heldengeschichten werden gerne weitererzählt und verbreiten sich damit sehr schnell und gründlich.

Für den Executive erfüllt die Heldengeschichte über sich selbst, sein enges Team oder seine Organisation eine ganz bestimmte Funktion. Die Geschichten illustrieren einprägsam, wie der Executive seine Ziele für die Organisation umsetzt. Sie zeigen nicht nur die strategische Richtung und die Logik einer bestimmten Handlung, sondern auch den Stil und die Techniken, womit diese Ziele erreicht werden. Der Executive macht somit als Vorbild vor, was er von anderen Leuten ebenfalls erwartet.

2. Berechenbarkeit

Eine Kernaufgabe des Executives ist es, Entscheidungen zu fällen. Insbesondere seine Mitarbeiter kommen regelmäßig zu einem Punkt, wo sie von ihrem Chef eine Richtungsangabe benötigen. Der Mitarbeiter macht sich vor so einem Termin ausführlich Gedanken. Er antizipiert nicht nur das Ergebnis, wie der Executive entscheiden wird, sondern auch die mögliche Diskussion in der Entscheidungsfindung. Welche Kommentare und Hinweise werden kommen? Welche Fragen wird er stellen, welche Zahlen und Fakten abfragen?

 Wie lautet Dein Spitzname?

Der erfolgreiche Executive ist bei seinen wichtigsten Stakeholdern unter einem Spitznamen bekannt. Oft ergibt sich der Spitzname aus seinen Initialen – gerne auch Englisch ausgesprochen. Auch häufig genutzt sind einfach auszusprechende Kurzformen des Namens, oder man bedient sich vorhandener akademischer, militärischer oder gar Adelstitel. Einige Executives sind intern auch bekannt als „Chef", „Capo" oder „Chief".

Der Spitzname wird in der täglichen Arbeit dann verwendet, wenn man mit der Referenz auf den Executive seine Argumentation erhärten möchte, so zum Beispiel: „Chuck hat das freigegeben", „Ich kann mir nicht vorstellen, dass der Doktor das auch so sieht" bis hin zum Stempel auf der PowerPoint-Folie: „BR approved".

Die wichtigen Stakeholder können sich mit der Verwendung des Spitznamens klar von den anderen differenzieren. Sie verwenden nicht etwa den offiziellen Namen, wie es auch die breite Öffentlichkeit tut oder jemand, der nicht so eng mit dem Executive zusammenarbeitet. Nein, sie können subtil unterstreichen, dass sie sehr nahe am Executive sind und dazugehören.

Je berechenbarer das antizipierte Bild von dieser Entscheidungsfindung ist, desto erfolgreicher kann die Organisation geführt werden. Es wird nicht nur der gesamte Entscheidungsprozess viel effizienter, weil viel weniger diskutiert werden muss, sondern auch die Mitarbeiter arbeiten in ihrer täglichen Arbeit konsequenter und verlässlicher auf die berechenbare Erwartung des Executives hin.

3. Abschreckung

Eine besondere Form der Berechenbarkeit ist die Abschreckung. Das Leben als Führungskraft ist leider auch geprägt von verschiedenen feindseligen Aktionen. Ein Kollege möchte in den eigenen Kompetenzbereich eindringen. Ein Konkurrent startet einen übermäßig aggressiven Wettbewerbsangriff. Ein Mitarbeiter versucht, die Führungskraft vor seinem Vorgesetzten zu diskreditieren.

Diese Angriffe muss der Executive richtig abwehren können. Auch hier helfen ihm verbreitete Legenden über seine Reaktion bei solchen Angriffen. Er stellt sicher, dass bekannt ist, dass bei Angriffen auf ihn in der Vergangenheit immer mit voller Härte zurückgeschlagen wurde und dass die Aktion beim Angreifer mehr Schaden als Vorteile verursacht hat. Durch diese Form der Abschreckung verhindert er, dass die vorherrschende Meinung ist, man könne ihn ungestraft angreifen. Alleine durch diese Reputation verhindert der Executive Angriffe auf ihn und seine Organisation.

4. Persönliche Attribute

Die Legenden über den Executive beziehen sich immer auf die Vergangenheit. Dies ermöglicht dem Executive auch, etwas Selbst-Marketing zu betreiben. Er ergänzt die erzählten Legenden bewusst mit seinem persönlichen Hintergrund, seinen Erfahrungen, seinen Erfolgen, seinen Kenntnissen und Fähigkeiten.

Dies gibt ihm die Möglichkeit, bestimmte positive Attribute mit seiner Person zu verbinden, um sie in der Zukunft wenn nötig ausspielen zu können. Er macht sich dabei beispielsweise als „harter Sanierer", „China-Kenner" oder „legendärer Networker" bekannt. Durch die Verknüpfung mit den Legenden macht der Executive diese Attribute innerhalb und außerhalb der Organisation einem breiteren Kreis bekannt und stärkt damit sein Profil.

Legenden müssen, damit sie wirklich funktionieren, hauptsächlich von Drittpersonen erzählt und weitergetragen werden. Der Executive braucht also Multiplikatoren. Er nutzt dafür seinen Inner Circle, einen Kreis von Personen, mit denen er am engsten und vertrauensvollsten zusammenarbeitet, um die sorgsam kuratierten Legenden innerhalb und außerhalb der Organisation zu verbreiten. Einmal verbreitet, werden sie von weiteren Personen weitergetragen, neu erzählt, vielleicht angereichert und verändert. Der Executive und sein Inner Circle stellen dabei sicher, dass die Legenden immer zu den Zielen der Organisation passen und diese beflügeln.

Teil IV
Der Executive als **Netzwerker**

19 Sei interessant und humorvoll

- Der Executive pflegt und erweitert sein Netzwerk in allen möglichen Lebenssituationen – sei es privat oder geschäftlich – und nicht nur an dafür vorgesehenen Anlässen.
- Er ist jederzeit bereit, ein interessantes und auch humorvolles Gespräch ad hoc zu führen. Dazu unterhält er ein breites Portfolio an möglichen Themen des generellen Interesses bis hin zu persönlichen und Fachthemen.
- Auch hierarchisch hoch positionierte Executives müssen ihr Netzwerk aktiv pflegen, um sich – auch gegenüber hierarchisch tiefer gestellten – attraktiv zu halten.

Das Netzwerk des Executives ist eine der Schlüsselkomponenten seines Marktwertes. Ohne gutes Netzwerk lässt sich keine erfolgreiche Karriere bestreiten und lassen sich keine guten Deals für die Organisation realisieren. Das aktive Management seines Netzwerks gehört daher zu seinem täglichen Brot. Denn er weiß: Netzwerken findet nicht nur an Empfängen oder Business Lunches statt, sondern praktisch jederzeit. Im Büro, in der Kantine, in der U-Bahn, beim Fußballspiel, am Flughafen, am Elternabend, beim Einkaufen, kurz: überall.

Der Executive arbeitet ganz bewusst daran, sich als interessanter, aber auch humorvoller Gesprächspartner zu positionieren. Nur so lassen sich langfristige und wertvolle Beziehungen zu interessanten Persönlichkeiten aufbauen, die entscheidend für den eigenen Erfolg und den Erfolg der Organisation sind. Besonders erfolgreiche Networker vertrauen dabei auf die sechs folgenden Regeln:

1. Es gibt keine Tabuthemen

Coaches oder Ratgeber für Networking und Small Talk listen jeweils eine Reihe von Tabuthemen auf, die keinesfalls gegenüber potenziellen Netzwerkkontakten erwähnt werden sollten. Sie geben vor: Rede nicht über Glauben und Religion. Vermeide politische Themen und sowieso alles, was kontrovers sein könnte.

Völliger Quatsch! Es gibt keine Tabuthemen. Je persönlicher und kontroverser desto besser. So entsteht ein bleibender Eindruck. Manager, die nur über das Wetter und die Menükarte sprechen, geraten schnell in Vergessenheit. Kontroverse Meinungen oder außergewöhnliche Positionen dürfen und sollen erwähnt werden. Der Executive darf gerne polarisieren. So entstehen Emotionen und angeregte, erinnerungsreiche Gespräche – ideal für den Aufbau eines Netzwerks.

Natürlich ist bei kontroversen Debatten stets auf Höflichkeit, Manieren und Respekt zu achten. Es versteht sich von selbst, dass andere Meinungen nicht in herabwürdigender Weise gegenüber dem Gesprächspartner dargelegt werden. Sinnvoll ist immer, den Gesprächspartner durch seine Überlegungen zu führen und durch intelligente Gedankengänge die eigene Positionierung zu schärfen.

2. Interessante Menschen haben eine Passion

Emotionen bei seinem Gesprächspartner auszulösen, ist der Schlüssel zu einer guten Beziehung. Gespräche über die täglichen beruflichen Sorgen und Herausforderungen sind zwar für potenzielle Netzwerkkontakte relevant, aber nicht wirklich interessant für ein Gespräch. Manager beschäftigen sich schon den ganzen Tag damit. Daher ist es wichtig, beim Networking herauszufinden, wofür sich das Gegenüber wirklich begeistert.

Der Beruf oder die Arbeit sind selten die Passion, eigentlich nie. Doch jeder brennt für mindestens ein ganz bestimmtes Thema. Autos. Kunst. Golf. Pferde. Segeln. Fußball. Fahrrad. Garten. Jeder hat etwas, wofür er sich begeistert. Der Executive sucht bei jedem Gesprächspartner genau diese Passion und spielt das Thema, wenn nötig, aus. Es ist ihm garantiert, dass nur ein Stichwort genügt, und schon geht der Wasserfall an emotionalen Geschichten los. Voilà.

„Trotz geschäftlicher Motivation, einen Galaabend zu besuchen, möchte ich nicht drei Stunden neben einem Langweiler sitzen – auch wenn er CEO eines Blue Chips ist."

Die Passionen der anderen zu kennen, ist das eine. Der Executive hat natürlich auch selbst Themen, wofür er brennt. Und er lässt es die anderen wissen. Auch wenn man vielleicht das Hobby überhaupt nicht teilt, so ist es doch schön, einem passionierten, sagen wir zum Beispiel Orchideenliebhaber, zuzuhören. Es ist auch der ideale Orientierungspunkt für Gastgeschenke oder Einladungen.

3. Die (lokalen) Schlagzeilen muss man kennen

Man sollte keine Veranstaltung besuchen oder zu einer Verabredung gehen, ohne dass man sich zuvor über die aktuellen Themen aus Politik, Kultur, Sport oder Wirtschaft zumindest kurz informiert hat. Besonders wenn man viel reist oder ein Treffen an einem anderen Ort hat, muss sich ein aktiver Netzwerker auch kurz über die lokalen Themen informieren.

Das sind zwar keine spannenden Themen, die man selbst ansprechen sollte. Man muss aber grob darüber Bescheid wissen, um nötigenfalls oberflächlich darüber diskutieren zu können. Fünf Minuten Recherche auf der Website der lokalen Zeitung genügt in der Regel dazu, um die wichtigsten Schlagzeilen zu kennen.

4. Gute Sparringspartner sind rar

Wertvolle Netzwerkkontakte sind ständig mit dem Wandel ihrer Organisationen beschäftigt. Diesen Wandel zu begleiten, ist eine komplexe und herausfordernde Aufgabe. Die internen Gesprächspartner sind oft betriebsblind, selbst betroffen und zu wenig offen für neue Ideen. Es ist daher sehr interessant, eine externe Perspektive auf die Dinge zu erhalten.

Der Executive positioniert sich genau an dieser Stelle und versucht, aufgrund der Erzählungen der Gesprächspartner wertvolle Inputs zu geben. Man darf dabei durchaus als Challenger auftreten und die Implikationen des Gesprächspartners höflich hinterfragen. Ein Gesprächspartner mag es zwar vielleicht im ersten Moment nicht, hinterfragt zu werden, doch er wird die wertvollen Inputs mittelfristig umso mehr schätzen.

Ich lese die Zeitung für Dich

Der Executive hält als aktiver Netzwerker für alle wichtigen Kontakte strukturiert fest, welche Themen diese beschäftigen. Das reicht von geschäftlichen Themen wie Marktentwicklungen, Veränderungen in der Regulierung oder Personal bis hin zu persönlichen Aspekten wie Sport, Reisen oder Politik.

Statt plumpe Geburtstags- und Weihnachtskarten zu schreiben – wirklich interessante Kontakte bekommen davon meist so viele, dass sie vom Sekretariat aussortiert werden –, hält der Executive beim Medienkonsum stets die Fühler aus, welche Themen die Netzwerkkontakte interessieren könnten.

Netzwerker alter Schule schneiden bei der Zeitungs- oder Zeitschriftenlektüre jeweils die relevanten Artikel heraus, schreiben eine kurze Notiz mit einem eigenen Gedanken dazu und schicken diese dann an ihre Netzwerkkontakte. Sie positionieren sich damit als deutlich wertvolleren Kontakt als die Standardkartenschreiber. Die Gefahr, vom Sekretariat aussortiert zu werden, ist weit geringer, und im Idealfall kann durch den eigenen Gedanken ein intensiver und interessanter Dialog entstehen.

Dieses Prinzip funktioniert natürlich genauso im digitalen Zeitalter. Statt Artikel auf Papier schickt man einen Link in einer persönlichen E-Mail oder Textnachricht. Doch die hohe Effizienz von digitaler Kommunikation nagt leider allzu oft an der Effektivität. Es besteht die Gefahr, zu inflationär zu wirken und dann wieder frühzeitig aussortiert zu werden. Auch in der digitalen Kommunikation braucht es eine persönliche Note, einen Gedanken und eine Meinung. Dann wird die Nachricht interessant für den Empfänger, und der Executive positioniert sich nachhaltig.

5. Anekdoten als Comic Relief

Theater und Kino kennen als Stilmittel den Comic Relief. Bei besonders tragischen und belastenden Geschichten wird der Zuschauer durch eine kurze Szene mit einem Witz, lustigen Handlung oder erfrischendem Charakter zwischenzeitlich aufgeheitert, um die Gesamtgeschichte besser ertragen zu können.

Bei sehr intensiven und kontroversen Debatten (wie sie eigentlich sein sollten) ist so etwas auch manchmal nötig. Vielleicht ist eine Diskussion einfach einmal festgefahren oder man streitet sich sogar. Der Executive hält für solche Momente einen Comic Relief bereit. Das kann zum Beispiel irgendeine Anekdote aus seinem Leben sein, ein Sprichwort aus der Heimat in Dialekt oder ein Vergleich der Situation mit einem historischen Ereignis (Napoleon, Cäsar etc.). Damit verbunden, dass auch dann die Welt nicht untergegangen ist.

6. Netzwerke sind nicht strikt transaktional

Geschäftsleute tendieren dazu, jeder Beziehung ein „Tit for Tat" zu unterstellen. Netzwerke funktionieren nicht so, zumindest nicht vollständig. Man kann nicht erwarten, dass auf jede Einladung eine Gegeneinladung folgt oder dass über wertvolle Tipps und Gespräche Buchhaltung geführt wird. Netzwerke funktionieren viel diffuser. Der Executive investiert seine Energie, Zeit und Geld in ein Netzwerk als Gesamtkonstrukt und nicht in isolierte Beziehungen. Retrospektiv erhält man vielleicht von einem Kontakt ein Mehrfaches an Mehrwert zurück, während andere Kontakte nie etwas abwerfen. Man kann die „Rendite" aber nicht im Voraus prognostizieren, und da es Netzwerke und nicht Einzelbeziehungen sind, können Aufwand und Ertrag auch nicht klar abgegrenzt werden.

In Summe schafft der Executive mit interessanten und humorvollen Beiträgen in einem Gespräch eine attraktive Atmosphäre. Das ist die Grundlage für eine nachhaltige und wertvolle Beziehung. Die ausgeführten Regeln gelten genauso für Executives, die es schon an die Spitze einer Organisation oder der Gesellschaft geschafft haben. Auch sie müssen immer noch viel in ihr Beziehungsnetz investieren, um dieses nachhaltig zu pflegen und weiterzuentwickeln. Sie dürfen sich nicht auf ihrer besonderen beruflichen Position oder gesellschaftlichen Stellung ausruhen und darauf hoffen, dass alleine dadurch gute Kontakte entstehen. Aktive Beziehungspflege ist eine lebenslange Aufgabe für Executives in jeder Position.

20 Vernetze Dich mit den Richtigen

- „Qualität vor Quantität" ist der oberste Grundsatz beim Networking, um einen echten Mehrwert für die persönlichen Ziele und Herausforderungen zu generieren.
- Der Executive legt sich daher eine konkrete Networking-Strategie für einen längeren Zeithorizont zurecht. Kern ist die Festlegung, welche Kontakte oder Kontaktecluster für die eigene Karriere in Zukunft relevant sind.
- Networking kostet viel Zeit und Geld. Der Executive geht daher sehr strukturiert und mit erprobten Methoden vor, um den maximalen Effekt zu erreichen.

Der Aufbau, die Weiterentwicklung und die Bewirtschaftung eines Netzwerks fangen irgendwann im Leben einmal an, hören aber nie auf. Networking ist eine Lebensaufgabe. Jeder Manager hat zu einem gegebenen Zeitpunkt irgendein bestimmtes Netzwerk. Das ist erst mal noch keine Kunst. Die entscheidende Frage ist: Wie wertvoll und nützlich ist das Netzwerk für die eigene persönliche Karriere?

Viele Manager gehen das Networking mit der Schrotflinte an. Sie betrachten es als Erfolg, wenn sie von einer Veranstaltung mit möglichst vielen bunt zusammengewürfelten Visitenkarten nach Hause kommen. Sie gehen von Tisch zu Tisch, um mit vielen Leuten einmal kurz gesprochen zu haben. Jede Person muss abgehakt werden. Oder sie suchen sich den Ranghöchsten im Raum heraus und gehen auf Trophäenjagd – je höher, desto besser. Einige vielleicht eher introvertierte Manager bleiben in einer Ecke stehen, in der eine beliebige Person das erste Mal mehr als einen Satz mit ihnen spricht, und versuchen so, den Abend zu überstehen.

Beide dieser opportunistischen Vorgehensweisen führen nicht zum Erfolg. Beim Networking gilt als oberstes Prinzip „Qualität vor Quantität". Der Executive geht daher auch beim Networking mit einer konkreten und auf ihn persönlich zugeschnittenen Strategie vor. Er setzt sich ein Ziel und definiert eine Mission. Welche Kontakte muss ich knüpfen, um meine persönlichen Ziele in den nächsten fünf bis acht Jahren zu erreichen?

Daraus entsteht eine persönliche Networking-Strategie, worin der Weg zum formulierten Ziel in einzelne Schritte heruntergebrochen ist. An welchen Veranstaltungen und Gelegenheiten kann ich die Zielpersonen kennenlernen? Wie mache ich mich für die Personen interessant? Was bin ich bereit, an Geld und Zeit in das Networking zu investieren? Wer aus meinem bestehenden Netzwerk kann mir dabei helfen? Und sowieso, welchen Teil von meinem bestehenden Netzwerk kann ich in die neue Zielsetzung überführen? Ein Neustart bei null wird nicht funktionieren und ist vermutlich auch nicht nötig.

Auf die Formulierung einer sauberen Strategie folgt der Fleiß. Networking mit einem konkreten strategischen Ziel erfordert einen hohen Zeiteinsatz – der sich lohnt. Folgende fünf handwerkliche Methoden und Regeln wendet der Executive an:

1. Strukturierte Liste

Bei der oben beschriebenen Herangehensweise an das Networking wird klar festgelegt, welche Kontakte einen strategischen Mehrwert haben und bewirtschaftet werden sollen. Damit keine Informationen verloren gehen und der Fortschritt der Netzwerkentwicklung auch nachgehalten wird, führt der Executive eine strukturierte Liste mit allen Kontakten, zum Beispiel in einer einfachen Excel-Liste.

Die Liste umfasst die wichtigsten persönlichen Informationen für jeden Kontakt. Dies beinhaltet private Eckdaten wie Geburtstag, Name des Partners, der Kinder, des Hundes oder sonstiger Haustiere, Hobbys und so weiter. Vor allem geht es aber auch darum, nachzuhalten, welche beruflichen Herausforderungen und Fragestellung die Person hat. Diese Informationen sind das Futter für interessante Gespräche zur Stärkung der Beziehung.

Nebst Informationen erfolgt mit dieser Liste auch ein Tracking der Networking-Arbeit. Die Kontakte werden danach sortiert, in welchem Beziehungsstatus sie stehen. Handelt es sich bereits um einen engen und wertvollen Kontakt? Oder wurde beispielsweise erst einmal Kontakt aufgenommen und ein Treffen steht noch aus? Vielleicht ist der Kontakt sogar erst mal nur ein Name, eine Zielperson, die noch angegangen werden muss. Je nachdem wie „warm" die Kontakte schon sind, werden sie entsprechend klassifiziert – natürlich mit dem Ziel, sie so „heiß" wie möglich zu bekommen.

2. Regelmäßige und gehaltvolle Kontaktaufnahmen

Ein Netzwerk muss aktiv gepflegt und aufrechterhalten werden. Der Executive legt dafür für jeden Kontakt oder für jedes Kontaktecluster eine Regelmäßigkeit fest, in der die Personen kontaktiert werden. Keiner darf vergessen werden. Ist ein Treffen, Telefonat oder Austausch über

E-Mail oder Textnachrichten schon länger her, wird die Person wieder kontaktiert.

Die jeweilige Kontaktfrequenz ist eine schwierige Festlegung. Wird die Person zu oft kontaktiert, besteht die Gefahr, dass man als Stalker wahrgenommen wird. Kontaktiert man zu selten, gerät man in Vergessenheit. Der Executive versucht, sich dieser Frage individuell nach Kontakt aufgrund von Erfahrungswerten zu nähern. Oft tauscht man sich offen darüber aus und vereinbart zum Beispiel ein bestimmtes Ereignis, etwa eine wichtige Sitzung, einen Verkaufsanlass wie eine Messe oder einen strategischen Meilenstein, wenn ein nächstes Treffen sinnvoll ist.

Genauso wichtig wie die Kontaktfrequenz ist, dass die Kontaktaufnahme gehaltvoll ist, das heißt mit interessanten und relevanten Inhalten erfolgt. Floskeln und klassischer Small Talk sind genauso verboten wie devote Unterwerfung. Der Executive muss mit einem frischen und knackigen Thema, vielleicht sogar mit etwas Provozierendem, die Aufmerksamkeit gewinnen.

3. Saubere Vorbereitung

Der Vereinbarung von einem Termin mit einem Netzwerkkontakt folgt beim strategischen Networking eine gute Vorbereitung. Diese besteht aus einer Recherche über das Gegenüber und seine Organisation sowie der konkreten Zielsetzung und Gesprächstaktik für den Termin.

Recherche heißt, allgemein verfügbare Informationen bereits gelesen und verarbeitet zu haben, sodass im Termin keine Basics geklärt werden müssen, sondern schnell ein fruchtbares Gespräch mit Mehrwert für beide Seiten entsteht. Was ist der Werdegang der Person? Was macht seine Organisation? Was ist das Geschäftsmodell? Wie läuft das Geschäft? Wer sind die wichtigsten Wettbewerber? Alles, was gegoogelt werden kann, darf eigentlich nicht Teil des Gesprächs sein. Natürlich hilft es auch, sich zu den Fragestellungen vorab eigene Gedanken zu machen und damit zu einer Debatte mit Mehrwert beizutragen.

Personencluster eines guten Netzwerks

Ein persönliches Netzwerk wird strategisch und längerfristig angelegt. Damit die strategische Zielsetzung verfolgt werden kann, muss ein Netzwerk divers sein und kann zum Beispiel nicht ausschließlich aus Kunden bestehen. Der Executive bewirtschaftet deshalb folgende Personencluster in seinem Netzwerk:

- Geschäftspartner: bestehende und potenzielle Kunden, Lieferanten, Dienstleister, Kapitalgeber.
- Peers: andere Manager mit einer ähnlichen Position, Aufgabe oder Ausbildung, ähnlichem Alter, ähnlicher Herkunft.
- Wettbewerber: direkte und indirekte Wettbewerber, innovative Neueinsteiger in die Branche.
- Querdenker: Kreative, Künstler, Autoren, Wissenschaftler, Innovatoren.
- Mentoren und Mentees: eigene Vorbilder und Förderer sowie junge vom Executive geförderte Führungskräfte.
- Multiplikatoren: Gastronomen, Journalisten, Headhunter, PR-Spezialisten, Politiker.
- Kollegen: andere Manager auf gleichem Level, aber auch wichtige Mitarbeiter in der eigenen Organisation.

Bei der Zielsetzung und Gesprächstaktik geht es darum, vorher festzulegen, welche Pflöcke im Termin eingeschlagen werden sollen und welches Ergebnis gewünscht ist. Welche Informationen möchte ich erhalten? Wie möchte ich mich selbst positionieren? Welche Themen sind mir wichtig? Welche Anliegen möchte ich platzieren? Welche nächsten Termine oder Treffen sollen vereinbart werden? Diese Dinge gehören zu einer guten Vorbereitung, damit ein Gespräch erfolgreich abläuft. Vergessen werden darf trotz all der Vorbereitung nicht, dass auch das Gegenüber seine Punkte loswerden möchte. Daher ist für den Executive eines mindestens genauso wichtig: Zuhören.

Die Regeln der sauberen Vorbereitung gelten nicht nur für Individualtermine, sondern auch für Konferenzen, Empfänge und sonstige Veranstaltungen. In vielen Fällen wird vorab eine Teilnehmerliste publiziert, sodass eine saubere Vorbereitung analog einem Individualtermin auch da möglich ist. Bei größeren Veranstaltungen ist zudem empfehlenswert, die fünf bis zehn Personen festzulegen, die man auf jeden Fall sprechen möchte. Das stellt sicher, dass die strategisch angepeilte Richtung auch konsequent umgesetzt und nicht dem Zufall überlassen wird.

4. Portfolio-Management

Ein Netzwerk kann nicht immer nur anwachsen, bis es einmal mehrere Hundert oder gar über 1.000 Personen umfasst. Eine gesunde Größe für ein aktiv gepflegtes Netzwerk, also nicht nur einfache Bekanntschaften, sondern aktiv bewirtschaftete Kontakte, umfasst maximal 200, mit guten Assistenten als Unterstützung vielleicht 300 bis 400 Personen. Mehr funktioniert nicht.

Der Executive betreibt daher ein dynamisches Portfolio-Management seiner Netzwerkkontakte. Wenn er es schafft, neue Kontakte aufzubauen, die für seinen Karriereweg wertvoller sind als bestehende Kontakte, verlegt er entsprechend den Fokus seiner Tätigkeiten. Zeit und Geld sind begrenzt, und so ist es nur folgerichtig, die Ressourcen bei den Kontakten einzusetzen, wo man längerfristig den höchsten Ertrag erwartet. Wer beispielsweise zum Schluss kommt, dass ein Kreis von 50 Personen extrem relevant ist, kann sich auch komplett darauf fokussieren und muss keine weiteren Kontakte bewirtschaften. Es gilt: Qualität vor Quantität.

5. Präventiver Aufbau

Ein gutes Netzwerk bringt viele entscheidende Vorteile mit sich. Das Netzwerk hilft bei der Suche nach einem neuen Job. Es generiert neue Kunden und Aufträge. Es bietet Zugang zu wertvollen Informationen und zu Tipps für drängende Fragestellungen. Es öffnet Türen, die anderen verschlossen bleiben.

Wird das Netzwerk aber erst aufgebaut, wenn diese Themen drängen, dann ist es zu spät. Das Netzwerk muss aufgebaut werden, bevor es gebraucht wird. Der Executive baut präventiv Beziehungen auf und investiert viel in die Beziehung, weil er davon ausgeht, dass er eines Tages daraus einen Vorteil erlangen wird. Gerade deshalb ist eine Strategie und strukturierte Vorgehensweise so wichtig, um bei dem Prozess möglichst die Streuverluste zu minimieren.

Das Netzwerk eines jeden Managers ist das Ergebnis seiner Netzwerkarbeit über viele Jahre. Betreibt er sein Networking ohne wirkliche Strategie und auf Basis von Zufall und Gelegenheit, schafft er sich einen fragmentierten Kreis an Bekanntschaften, die vereinzelt durchaus wichtig sein können, aber keine kombinierten Effekte eines guten Netzwerks erreichen. Wenn er hingegen strategisch und strukturiert vorgeht und laufend optimiert, baut er sich ein wertvolles und brauchbares Netzwerk auf, das ihn über die Jahre durch verschiedene Herausforderungen trägt.

21 Stehe für eine Sache ein

- Der Executive wertet sein persönliches Profil zusätzlich auf, indem er sich einer gesellschaftlich relevanten Aufgabe oder Problemstellung annimmt.
- Diese Sache kann einen sozialen, kulturellen, sportlichen, ökologischen oder gesellschaftlichen Zweck erfüllen. Sie muss einer breiten Öffentlichkeit zugutekommen.
- Er unterstützt diesen Zweck über einen langfristigen Zeitraum und bringt sich mit voller Kraft und persönlichem Einsatz ein. Er beschränkt sich nicht aufs reine Geldgeben.

Durch ihre Position in der Organisation und ihre Stellung in der Wirtschaft und Gesellschaft genießen Manager eine solide Basis an Bekanntheit und Relevanz fürs Networking. Sie sind interessante Gesprächspartner durch ihre beruflichen Tätigkeiten und Erfahrungen sowie auch Sparringspartner für Fragestellungen außerhalb ihrer jeweiligen Organisationen. Außerdem sind sie schon durch die relative Machtfülle, die ihre Position beinhaltet, wichtige potenzielle Geschäftspartner und somit interessant für einen größeren Personenkreis.

Doch dieser alleine durch die Position erlangte Networking-Wert ist irgendwo begrenzt. So interessant sich viele Jobs der Manager anhören, meist sind es technische und auch repetitive Fragestellungen, die ein erstes Gespräch ausfüllen mögen, aber bereits bei der zweiten Begegnung langweilig werden. Die Basis ist zwar wichtig für die Networking-Tätigkeit, aber nicht ausreichend für einen langfristigen Aufbau und vor allem Ausbau eines Netzwerks.

Zur Schließung dieser Lücke sucht sich der Executive eine gesellschaftlich relevante Aufgabe oder Problemstellung, derer er sich langfristig annimmt. Er steht für eine Sache ein.

Eine Sache erfüllt einen sozialen, kulturellen, sportlichen, ökologischen oder gesellschaftlichen Zweck. Sie ist eine Problemstellung, die eine breitere Öffentlichkeit betrifft und Unterstützung braucht. Die möglichen Aktivitätsfelder sind daher sehr breit. Die Sache kann sich eines weit entfernten Themas annehmen – ein Waisenhaus in Bangladesch, Trinkwasseraufbereitung in Haiti oder eine Mädchenschule in Afghanistan. Die Sache darf aber durchaus auch ein lokales Thema wie Nistplätze für bedrohte Vogelarten oder der Ausbau und Unterhalt von regionalen Wanderwegen sein. Bei der Wahl einer Sache darf man sich auch an einer persönlichen Leidenschaft orientieren und zum Beispiel den geliebten Fußballclub unterstützen oder eine Kunstsammlung bewirtschaften. Wichtig ist jedoch, dass der Nutzen einer breiten Öffentlichkeit zugutekommt.

Die Rolle des Executives darf sich nicht auf das Geldgeben beschränken. Finanzielle Unterstützung ist zwar wichtig, bringt aber im Kontext von Networking relativ wenig. Viel wichtiger ist, dass der Executive sich mit seiner vollen Energie, mit seinen Erfahrungen, mit seinen Kontakten, mit seinen Möglichkeiten in die Sache einbringt. Er muss sichtbar sein. Er muss die Sache, wo auch immer, vertreten. Er muss das Gesicht dafür sein.

Kriterien für die Auswahl einer Sache

- Wird das Thema schon von jemandem in der Form besetzt? Falls ja, muss man eine Nische finden oder dem Thema zur Abgrenzung einen leicht anderen Spin geben.
- Bin ich der Herausforderung gewachsen? Ist sie nicht zu groß oder zu klein? Es muss realistisch sein, dass man einen angemessenen Mehrwert leistet, im Idealfall sogar ein Problem nachhaltig löst.
- Besteht ein persönlicher Bezug oder ein Bezug der Organisation zur Sache? Es braucht eine moralische Legitimation. Das kann eine persönliche Erfahrung oder vielleicht sogar eine Fehlleistung der Organisation sein.
- Ist die Sache einem breiten Personenkreis gegenüber als unterstützungswürdig akzeptiert? Sozial- und Umweltthemen eignen sich dazu sehr gut. Niemand ist gegen ein Waisenhaus in Bangladesch. Aber auch eine persönliche Leidenschaft wie ein Fußballclub oder eine Kunstsammlung sind geeignet.
- Bin ich motiviert, mich über mehrere Jahre für diese Sache einzusetzen? Ohne die Ressourcen Zeit, Energie und Geld wird sich der Einsatz für eine Sache nicht lohnen.

Darüber hinaus involviert der Executive sorgfältig ausgewählte Persönlichkeiten in die Sache. Je größer das Thema ist, desto mehr Leute werden benötigt – desto besser für den Executive. Er kann gezielt Personen für die Sache gewinnen, mit denen er sonst eher wenig zu tun hätte, die aber für sein Netzwerk sehr interessant sein können. Das Engagement des Executives hat in der Regel einen institutionellen Rahmen, zum Beispiel eine Stiftung oder einen Verein. In diese Strukturen lässt der Executive Personen wählen, die natürlich zuallererst hinter der Sache stehen und diese unterstützen. Nebenbei provoziert der Executive aber auch regelmäßige Treffen mit diesen Personen und sichert sich somit gute Kontakte.

„Durch mein Engagement für Kinderrechte erhalte ich doppelt so viele Termine bei viel relevanteren Persönlichkeiten als ohne."

Erst durch dieses volle Engagement generiert der Executive zusätzlichen Networking-Wert. Die Sache hilft ihm, sein Profil zu schärfen, weil es eben nicht mehr nur der Finanzchef, Werksleiter oder Vertriebschef ist, sondern auch benachteiligten Mädchen eine Zukunftschance gibt, bedrohte Tierarten rettet oder den Fußballclub zur Meisterschaft bringt. Das ist eine wertvolle Basis für die Weiterentwicklung eines Netzwerks.

Zusammenfassend dient die Sache dem Executive, sich als werteorientierte Persönlichkeit zu positionieren. Er kann damit seine Rhetorik um allgemein akzeptierte gesellschaftliche Ziele anreichern, statt nur über eindimensionale Dinge wie Gewinn und Rendite zu sprechen. Die Herausforderungen und Fragestellungen ihrer Sache nutzen Executives als Gesprächsstoff bei Empfängen, Diskussionsrunden und Vorträgen. Sie können damit viel emotionaler und einprägsamer ihren persönlichen Brand unterstreichen. Es ist auch leichter damit, mit neuen potenziellen Netzwerkkontakten ins Gespräch zu kommen. Die Sache dient als Türöffner für interessante Termine, bei denen dann durchaus auch über das Geschäft gesprochen wird.

22 Sei Teil des Clubs

- Die Schlagkraft des Executives wird durch seine Mitgliedschaft im Club potenziert. Der Club ist ein abstraktes und unausgesprochenes Konstrukt aus einflussreichen Führungspersönlichkeiten.
- Der Executive qualifiziert sich durch ganz konkrete Handlungen und Verhaltensweisen in unterschiedlichsten beruflichen und privaten Lebenslagen für eine Mitgliedschaft im Club.
- Die Mitgliedschaft muss immer wieder neu errungen werden. In wechselndem Umfeld oder je nach Entwicklung des Werdegangs kann sie wieder erlöschen und muss neu erarbeitet werden.

Um seine Organisation laufend weiterzuentwickeln und zum Erfolg zu führen, reicht es nicht aus, hoch talentiert, motiviert und fleißig zu sein. Isolierte Einzelkämpfer haben es schwer, für eine größere Organisation Opportunitäten und Vorteile zu erkämpfen. Die Manager von solchen Organisationen brauchen Beziehungen zu relevanten und einflussreichen Führungspersönlichkeiten. Sie sind angewiesen auf privilegiertes Wissen und Informationen aus diesen Kreisen. Sie brauchen den Zugang zu neuen potenziellen Geschäftspartnern. Und um mit diesen neuen Geschäftspartnern auf eine Linie zu kommen, müssen sie dieselbe Sprache sprechen, die gleichen Gepflogenheiten pflegen, und es muss vor allem gegenseitiges Vertrauen bestehen.

Der Executive biedert sich diesen Kreisen nicht etwa als Externer an, sicher nicht. Das wäre zu kurz gedacht. Er ist Teil dieses Kreises. Er ist Mitglied im Club.

Damit gemeint ist nicht etwa ein konkreter Club wie ein Sportclub, Serviceclub oder eine Alumni-Vereinigung. Es gibt keine Institutionen, keinen Vorstand oder eine Satzung, keine Kasse und keine offiziellen Versammlungen. Der Club ist ein abstraktes und unausgesprochenes Konstrukt aus Führungspersönlichkeiten einer Branche, einer Region oder einer bestimmten Szene. Eine Mitgliedschaft im Club bedingt eine gewisse Stellung in der Gesellschaft. Sie erfordert vor allem entsprechende Handlungen und Verhaltensweisen. Die Mitglieder des Clubs bestätigen dadurch gegenseitig implizit ihre jeweilige Mitgliedschaft und sprechen diese den Unqualifizierten ebenso implizit auch ab.

Der Executive beherrscht und beherzigt diese Handlungen und Verhaltensweisen umfassend. Um seine Mitgliedschaft zu erhalten, muss er auch intensiv und laufend daran arbeiten. Die Grenzen zwischen Beruflichem und Privatem sind dabei fließend. Folgende acht Aspekte tragen insbesondere zu einer Mitgliedschaft im Club bei:

1. Wahl des Wohnorts der Familie

„Zeig mir, wie Du wohnst, und ich sag Dir, wer Du bist." Der Standort, die Ausstattung und das Aussehen des persönlichen Heimes haben eine sehr starke Signalwirkung in den Club. Sie dienen vielen Mitgliedern als Referenzpunkt, ob man dazugehören könnte. Vor allem entstehen viele wertvolle Beziehungen in konzentrischen Kreisen rund um den eigenen Wohnort, angefangen beim Nachbarn und von da aus weiter. Daher wählt der Executive seine Wohnadresse beziehungsweise das Stadtviertel ganz bewusst.

In dieser Evaluation zählen alle möglichen Anhaltspunkte von der groben Lokalisierung – Stadt versus Land, Einfamilienhaussiedlung versus Apartmenthaus – bis hin zu Einrichtungsstil und -ausstattung. Es gibt per se keine richtige oder falsche Entscheidung. Es kommt ganz darauf an, in welchem Umfeld man sich positionieren möchte. Für den, der sich zum Beispiel in einer Zukunftsbranche oder einem innovativen Umfeld positionieren möchte, mag ein modernes Innenstadt-Apartment das Richtige sein, während bei einem tradierten Umfeld das Häuschen mit großzügiger Gartenanlage das Richtige ist.

2. Besuch von Sport- und Kulturveranstaltungen

Den meisten Menschen dient der Besuch von sportlichen oder kulturellen Veranstaltungen der persönlichen Bereicherung und Unterhaltung. Nicht so der Executive. Während natürlich eine gewisse Affinität mitschwingen muss – sonst funktioniert die Übung nicht –, gestaltet der Executive sein Freizeitprogramm danach, wie das Programm auf seine Positionierung im Club einzahlen kann. Der Besuch einer solchen Veranstaltung muss sich dahin gehend lohnen, dass sie auch von anderen Mitgliedern besucht wird und dass man diese auch sieht, trifft und spricht.

Es muss nicht zwingend das Kunstmuseum oder das Barockkonzert sein. Entscheidend ist, wo sich die relevanten Menschen tummeln. Das ist sogar häufiger der Fall bei Fußballspielen, Rockkonzerten oder Volksfesten. Diese werden von Mitgliedern des Clubs genauso besucht wie von vielen anderen Menschen. Der Unterschied: Der Executive macht sich Gedanken, an welcher Ecke dieser Großveranstaltungen sich die relevanten Kontakte herumtreiben, und positioniert sich dann genau dort.

3. Konsum von Zeitungen, Zeitschriften, TV und Literatur

Alle Medien von Zeitschriften über TV-Sendungen bis hin zu Büchern haben gemeinsam, dass sie eine sehr spitze Zielgruppenpositionierung haben. Sie dienen ihren Nutzern in erster Linie zur Information und Unterhaltung. Zudem fungieren Medien bei ihren Nutzern aber auch als Statement gegenüber dem Umfeld. Man signalisiert gerne Intellektualität mit einer renommierten Zeitung oder Stilsicherheit mit einem angesagten Architekturmagazin in der Hand.

Der Executive nutzt genau diesen Effekt. Für ihn sind Medien auch Werkzeuge, sich gegenüber einer bestimmten Klientel zu positionieren. Je nach Club ist es beispielsweise vorteilhafter, ein politisches Thema aus einer Regionalzeitung gegenüber einem Kontakt zu rezensieren, während an anderer Stelle das gleiche Thema besser aus der *FAZ* oder dem *Spiegel* kommt. Das Spiel geht aber auch über die Tagespresse hinaus. Es nützt oder schadet auch der persönlichen Positionierung, je nachdem über welchen Hollywood-Streifen oder welches Netflix-Drama gesprochen wird.

4. Besuch von Restaurants und Bars

In jeder Stadt gibt es eine Handvoll Gastronomiebetriebe – Restaurants, Bars, Clubs –, die sich zu Tummelplätzen von interessanten Leuten gemausert haben. Der Executive ist dort regelmäßig Gast. In diesem aufgelockerten Umfeld ist es einfacher, neue Leute kennenzulernen und ins Gespräch zu kommen.

Es ist ein Sehen und Gesehenwerden. In vielen Restaurants hat sich ein richtiges Schaulaufen etabliert, wer mit wem wie oft essen geht. Auch der Executive scannt beim Betreten den Raum ab und versucht zu identifizieren, welche Personen für ihn interessant sein könnten. Gute Gastronomen erkennen dieses Bedürfnis. Sie haben ein gutes Gespür dafür, wer für wen interessant sein könnte, und bringen diese Personen auch zusammen.

 „Die wirklich entscheidenden Themen werden eigentlich immer nach der Sitzung inoffiziell beim Abendessen im ‚Balthazar' besprochen."

5. Wahl der Buchungsklasse bei Reisen

Die Buchungsklasse in öffentlichen Verkehrsmitteln ist ein sehr gängiges Mittel für den Executive, sich in den Club einzukaufen. Natürlich ist es in der höheren Buchungsklasse viel komfortabler, doch der eigentliche Vorteil ist der Kreis an interessanten Kontakten, denen man begegnet. Man signalisiert sich gegenseitig: „Hallo, ich bin auch Mitglied des Clubs."

Während auch Kurzstrecken durchaus ausreichen können, um interessante Bekanntschaften im Zug oder Flugzeug zu machen, sind die längeren Reisen dafür regelrecht prädestiniert. Im Flugzeug ist man ja de facto für mehrere Stunden nebeneinander eingesperrt und festgebunden. Die meisten Passagiere sind dann auch nicht besonders diszipliniert, dass sie während eines mehrstündigen Fluges pausenlos arbeiten würden. Die Weinkarte mit besten Empfehlungen des Sommeliers der Airline ist dann meist zu verlockend. Ein gemeinsames Abendessen mit Weinbegleitung und gefühlt ewig Zeit – dies ist ein guter Nährboden, um Kontakte in den Club zu knüpfen.

6. Festlegung von Urlaubsdestinationen

Ja, auch der Urlaub ist keine Privatangelegenheit. Im Gegenteil, es ist der perfekte Ort, um in ungezwungener Atmosphäre interessante Leute kennenzulernen. Und in Badeshorts und Poloshirt ist man sich einfach von Anfang an näher als in Anzug und Krawatte.

Reden im Namen des Clubs

Selbstbewusst sieht sich jedes Mitglied des Clubs bereit, im Namen des Clubs zu sprechen. Daher hat sich in der Rhetorik des Executives eingebürgert, dass er immer über „uns" und damit über die gesamte Gemeinschaft spricht, wenn er über eine politische, gesamtwirtschaftliche, soziale oder gesellschaftliche Fragestellung spricht. „Wir haben uns entschieden, die Grenzen für den freien Warenfluss zu öffnen, und uns damit dem Wettbewerb ausgesetzt. Das war eine bewusste Entscheidung von uns." „Wir wollen den Ausbau der Autobahnen in der Region. Das hilft unserer Wirtschaft." „Wir wollen die Berufsbildung stärken. Unsere Unternehmen brauchen diese Fachkräfte."

Der Referenzpunkt, für welches „uns" gesprochen wird, hängt vom Publikum und der Fragestellung ab. Das „uns" kann eine bestimmte Region oder eine Branche sein; es kann aber auch eine ganze Nation oder die ganze Welt betreffen. Der Ansatz ist es, sich jeweils eine oder mehrere Ebenen über dem wirklichen Verantwortungsbereich zu bewegen.

Der Executive tut dies, auch wenn diese Entscheidungen deutlich über seinen Kompetenzbereich hinausgehen. Er tut dies ganz bewusst. Er suggeriert damit, dass er doch irgendwo mit am Tisch sitzt und mitentscheidet. Er denkt gesamthaft im großen Ganzen und kennt die Zusammenhänge. Dieser Anspruch, für das Gemeinwohl mitzudenken und die eigene Expertise mit einfließen zu lassen, das ist seine rhetorische Eintrittskarte in den Club.

Es haben sich über die Jahre ganz bestimmte Destinationen etabliert, wo „man" sich im Urlaub trifft. Oft hängt es auch vom Hauptwohnort ab: Düsseldorfer fahren nach Sylt, Münchner nach Kitzbühel und Schweizer in die Toskana. Die Wahl des Urlaubsorts, oder oft auch des Standortes des Ferienhauses, ist ein Statement, das zur persönlichen Positionierung dazugehört.

7. Besuch von Schulen und Universitäten

Ausbildungsstätten wie Schulen und Universitäten sind in den letzten Jahrzehnten zu regelrechten Networking-Plattformen verkommen. Man besucht nicht mehr eine Universität, um sich Wissen anzueignen, sondern um im Studium und später im Alumni-Netzwerk die richtigen Leute kennenzulernen. Executives setzen genau auf diesen Trend und nutzen ihre Universität zum Networking.

In diesem Zusammenhang spielen besonders auch die Kinder eine wichtige Rolle. Executives schicken ihre Kinder nicht nur deswegen an renommierte Schulen, weil man den Kindern eine gute Basis für ihre Karriere bieten möchte, sondern weil auch die Eltern damit Teilhaber eines richtigen Umfelds sind. Als Eltern profitiert man sozusagen von den Verbindungen, die von der jüngeren Generation geschlossen werden, mit.

8. Teilnahme an Symposien, Roundtables, Lunches

Das Angebot an gesellschaftlichen oder fachlichen Veranstaltungen wie Symposien, Roundtables oder Lunches ist sehr umfangreich. Es ist unmöglich, alle diese Veranstaltungen zu besuchen – es ist auch nicht nötig. Der Executive pickt sich ganz gezielt diejenigen Veranstaltungen heraus, an denen er seine Beziehungen am besten pflegen und ausbauen kann. Er verfolgt bei der Auswahl eine grundsätzliche Regel: Je schwieriger es ist, eine Einladung zu erhalten, desto eher ist sie eine Eintrittskarte in den Club.

Im Ergebnis besucht der Executive eher weniger Veranstaltungen als der Durchschnitt, dafür ist er dann umso aktiver. Er ist kein einfacher Konsument von Vorträgen oder Paneldiskussionen, sondern er ist ein aktiver Teilnehmer. Wenn er schon eine Veranstaltung als für sich wertvoll identifiziert hat, investiert er auch Zeit und Mühe, seine Themen dort zu positionieren. So hält er regelmäßig Vorträge und diskutiert mit.

Die Arbeit an seiner Clubmitgliedschaft ist eine laufende und nie endende Aufgabe für den Executive. Selbst wenn er einmal einen hohen Status im Club erreicht hat, kann dieser sehr schnell wieder erodieren, ja sogar erlöschen, wenn er beispielsweise seinen Wohnort wechselt, nicht mehr die einschlägigen Restaurants besucht und sich auf Veranstaltungen nicht mehr blicken lässt. Dies geschieht oft zwangsläufig, wenn sich der Executive beruflich neu orientiert. Je nach Werdegang verändern sich dann auch der Umfang und der Kreis des für ihn relevanten Clubs. Der Executive darf daher nie aufhören, an der Mitgliedschaft in dem für ihn relevanten Club zu arbeiten.

23 Setze die Familie als Botschafter ein

- Networking ist sehr zeitintensiv. Eine hohe Anzahl von Kontakten muss regelmäßig mit einem gehaltvollen Austausch erreicht werden.
- Der Executive setzt bei limitierter Zeit an gewissen Networking-Anlässen ausgewählte Familienmitglieder ein, um die Pflege und den Ausbau seines Netzwerks zu gewährleisten.
- Mit entsprechender Vorbereitung und Positionierung der Familienmitglieder lässt sich die persönliche Wirkung gut hochskalieren.

Ein Netzwerk muss aktiv gepflegt und ausgebaut werden, um damit einen entscheidenden Mehrwert für die persönliche Karriere und Vorteile für die geführte Organisation zu erzielen. Der Schlüssel dafür ist der Austausch mit den Netzwerkkontakten. Der Wert dieses Austausches steigert sich durch zwei Faktoren: Qualität und Menge. Die Qualität ergibt sich durch eine inhaltlich gehaltvolle Interaktion mit dem Gegenüber. Statt mit Small Talk und Floskeln die Termine zu überstehen, muss der erfolgreiche Netzwerker wie beschrieben mit interessanten und relevanten Inhalten Aufmerksamkeit gewinnen und damit in Erinnerung bleiben. Die Menge wiederum ergibt sich schlicht aus der Anzahl von Anlässen, bei denen es zu einer Interaktion mit den Netzwerkkontakten kommt. Das macht gutes Networking sehr zeitintensiv.

Das Zeitbudget eines Managers ist jedoch sehr beschränkt und reicht daher nicht immer aus, um alle relevanten Networking-Anlässe zu besuchen. Damit seine Repräsentation auch bei diesen Anlässen sichergestellt ist, schickt der Executive ausgewählte Familienmitglieder als eine Art Botschafter zu diesen Anlässen, um auch bei Abwesenheit sein Netzwerk pflegen und ausbauen zu können.

Je nach Anlass und auch persönlicher Motivation oder Eignung können dafür unterschiedlichste Familienmitglieder infrage kommen. Am passendsten ist in den meisten Fällen wohl der Ehepartner des Executives. Er greift aber auch auf seine Kinder, Enkel, Geschwister und gar weit entfernte Verwandte zurück. Es hilft sicher, wenn das eingesetzte Familienmitglied den gleichen Nachnamen hat. Das ist aber nicht zwingend, besonders nicht, wenn das Familienmitglied regelmäßig eingesetzt wird und damit im entsprechenden Umfeld bereits bekannt ist.

„Meine Enkelin wird heute Abend den Innovationspreis in meinem Namen überreichen. Sie ist als engagierte Doktorandin an der Technischen Hochschule bestens dafür geeignet."

Der Ansatz mag vielleicht auf den ersten Blick etwas antiquiert scheinen oder vor allem bei Familienunternehmen zum Einsatz kommen. Das wäre aber eine falsche Interpretation. Viele erfolgreiche Executives, auch wenn sie angestellte Manager sind, setzen aktiv ihre Familienmitglieder im Networking ein. Sie sehen den Auftritt der Familie als Gesamtpackage und skalieren ihren gesellschaftlichen Auftritt damit hoch.

Es kommen für diese Vorgehensweise nicht alle Familienmitglieder infrage. Der Executive identifiziert sie sehr sorgfältig und nicht erst kurzfristig vor einem Anlass. Er beachtet dabei vor allem die vier folgenden Aspekte:

1. Freiwilligkeit und Motivation erkennen

Natürlich ist es nicht so, dass der Executive einfach über die Zeit und den Kalender seiner Familienmitglieder verfügen kann, um sie bei irgendwelchen Networking-Anlässen zu platzieren. Ein solcher Einsatz muss nicht nur freiwillig, sondern sicher auch mit einer entsprechenden Motivation des Familienmitglieds erfolgen.

Diese Motivation kann aus unterschiedlichsten Gründen hervorgerufen werden. Die Teilnahme an einem Networking-Anlass ist ja auch eine interessante Pflicht. Oft wird etwas geboten. Eine kulturelle Darbietung, ein interessanter Vortrag oder die Möglichkeit, mit interessanten Leuten gute Gespräche zu führen. Der Executive verbindet daher die Vorlieben seiner Familienmitglieder mit seinem Bedarf an ihrem Einsatz.

2. Background sicherstellen

Sinn und Zweck der Teilnahme eines Familienmitglieds an einem Networking-Anlass ist die Sicherstellung eines gehaltvollen Austauschs mit wichtigen Netzwerkkontakten. Dafür ist es nicht nötig und auch nicht sinnvoll, den Charakter und die Qualitäten des Executives zu kopieren. Aber das entsandte Familienmitglied muss als Botschafter des Executives das Einmaleins des erfolgreichen Networkings beherrschen.

Zusätzlich muss der Executive mögliche Gesprächsthemen antizipieren. Welche Fragen zur Organisation könnten kommen? Welche Themen möchte ich selbst platzieren? Der Executive macht vor dem Anlass mit dem Familienmitglied ein kurzes Briefing, um nicht nur sicherzustellen, dass nichts Falsches, sondern auch, dass das Richtige gesagt wird.

3. Eigenständige Positionierung befördern

Networking wird dann erfolgreich, wenn jede Persönlichkeit einen eigenen Brand für sich selbst entwickelt, der auch auf eine ganz individuelle Weise auf potenzielle Netzwerkkontakte wirkt. Das gilt auch für die entsandten Familienmitglieder. Sie sollen nicht als Klone des Executives wirken, sondern eine eigenständige Positionierung entwickeln.

Der Executive fungiert dabei anfänglich noch als eine Art „Absenderbrand", der mit zunehmender Etablierung des neuen eigenständigen Brands in den Hintergrund treten kann. Ziel muss es sein, diese Eigenständigkeit zu befördern, damit das Familienmitglied mit jedem Einsatz seine Wirkung im Netzwerk erhöht und damit die Ziele des Executives skaliert.

4. Akzeptanz im Netzwerk erfassen

Jede Person und jeder Anlass hat seine eigenen Anforderungen und seine eigene Dynamik. Während beispielsweise der energiegeladene und innovative Enkel des Executives bei einem Anlass vielleicht der Superstar ist und sich alle mit ihm unterhalten wollen, kann er in einem anderen Umfeld auf große Ablehnung stoßen oder gar die Abwesenheit des Executives als Affront erachtet werden.

Der Executive tastet sich daher bei jeder neuen Ausgangslage vorsichtig an die Situation heran und entscheidet individuell, wo eine Entsendung eines Familienmitglieds überhaupt sinnvoll ist und, wenn ja, wer am besten für die Aufgabe geeignet ist.

Der Einsatz seiner Familienmitglieder beim Networking darf schließlich nicht als zweitbeste Lösung oder gar Nachteil gesehen werden. Richtig vorbereitet und vor allem gut inszeniert macht der Executive aus einem Problem – limitierte Zeit – einen Vorteil. Statt dass er an bestimmten Anlässen sich selbst wiederholend präsentiert, kann er mit einem Familienmitglied neue und interessante Akzente setzen. In Summe zahlt dann der Einsatz des Familienmitglieds eben nicht nur auf die Menge, sondern auch auf die Qualität des Austausches ein und steigert damit gesamthaft den Wert des Networkings.

24 Halte eine Geheimarmee vor

- Executives pflegen für Zeiten des Wandels und für Krisen Kontakte zu einer Reihe von qualifizierten Persönlichkeiten außerhalb der Organisation – die Geheimarmee.
- Die Geheimarmee entwickelt sich über viele Jahre weiter und gewinnt durch gemeinsame Einsätze und Erfahrungen an Schlagkraft und somit Wert für den Executive.
- Die Mitglieder der Geheimarmee sind hoch qualifiziert und arbeiten im Hintergrund. Sie sind dem breiten Publikum nicht bekannt und suchen bewusst nicht die Öffentlichkeit.

Jede Organisation ist ein komplexes und fragiles Gebilde. Im Vergleich zu einer gut funktionierenden Maschine, bei der alle Prozesse aufeinander abgestimmt sind, miteinander funktionieren und bei der beschädigte Teile ganz einfach mit einem Ersatzteil repariert werden können, sind Organisationen sehr fehleranfällig. Sie müssen auch nicht immer gleich funktionieren, sondern sich jederzeit dynamisch an ein neues Umfeld anpassen können. Nicht immer ist die Organisation mit dem dafür notwendigen Personal ausgestattet. Entweder fehlt das spezifische Fachwissen, die entsprechende Erfahrung oder schlicht die Arbeitskapazität. Manchmal sind die internen Mitarbeiter außerdem auch befangen oder es fehlt sogar das nötige Vertrauen. Für solche Fälle hält sich der Executive eine Geheimarmee vor.

Diese Geheimarmee ist nicht irgendwo in einer „Kaserne" stationiert und wartet auf den Befehl zum Ausrücken, nein. Bei der Geheimarmee handelt es sich um ein informelles Netz an Kontakten, die sich der Executive über Jahre aufgebaut hat. Die Mitglieder der Geheimarmee sind Manager in anderen Organisationen, Unternehmer oder externe Dienstleister wie Unternehmensberater, Juristen oder Interimsmanager. Sie werden individuell bei Bedarf eingesetzt. Im Unterschied zum Inner Circle handelt es sich dabei nicht um interne Mitarbeiter, sondern um externe Kontakte, die nur für kritische Projekte zum Einsatz kommen.

In vielen Fällen kennen sich die Mitglieder der Geheimarmee aus früheren Einsätzen. Die gemeinsamen Erfahrungen und eingespielten Arbeitsweisen steigern natürlich die Effizienz und Effektivität ihres Einsatzes. Deswegen muss ein Executive seine Geheimarmee frühzeitig rekrutieren und in mehreren gemeinsamen Einsätzen perfektionieren. Der Wert der Truppe eines jeden Executives steigert sich somit im Laufe der Zeit.

Der Aufbau einer Geheimarmee ist Teil der Networking-Tätigkeit eines Executives. Er muss immer darauf bedacht sein, diesen Kreis an Personen aufzubauen und weiterzuentwickeln. Typische Rollen in der Geheimarmee der Executives sind die folgenden fünf:

1. Back-up-Manager

Zu jeder gut zusammengestellten Geheimarmee gehört eine Reihe von Back-up-Managern, die der Executive, wenn nötig, in der eigenen Organisation einsetzen kann. Insbesondere für Schlüsselpositionen schaut sich ein Executive proaktiv für potenzielle Nachfolger um, und zwar bevor dies nötig wird. Im Idealfall hält sich der Executive ein komplettes Schattenkabinett vor. Die Kandidaten sind alle in anderen Organisationen beschäftigt, doch der Kontakt muss hergestellt sein und der Executive muss die Stärken und Schwächen dieser Personen bereits kennen.

Wieso der Aufwand? Jede Organisation hat Schlüsselpositionen, die nicht über längere Zeit, in einigen Fällen sogar nicht einmal kurzfristig, unbesetzt bleiben dürfen. Es besteht eine konkrete Abhängigkeit von diesen Personen und damit ein großes Risiko für die Organisation. Die Personen können beispielsweise aus gesundheitlichen, persönlichen, wirtschaftlichen oder sonstigen Gründen ausfallen. Oder, insbesondere in Phasen des Wandels, kann das Vertrauen in diese Mitarbeiter getrübt werden. Für solche Fälle muss der Executive dieses Risiko durch Beziehungen zu möglichen Back-up-Managern eindämmen und die Abhängigkeiten reduzieren.

2. Persönlicher Anwalt

Die rechtlichen Belange einer Organisation werden in der Regel von einer Heerschar von internen und externen Juristen begleitet. Die Organisation an sich ist meist mehr als ausreichend juristisch beraten. Der Manager einer Organisation ist in solchen Fragestellungen nicht immer im gleichen Boot wie die Organisation. Manchmal geht er persönliche Verpflichtungen und Risiken zugunsten der Organisation ein.

In solchen Fällen braucht er auch einen eigenen Anwalt, der seine Interessen und nicht die der Organisation vertritt. Executives halten daher in ihrer Geheimarmee persönliche Anwälte, die zwingend nicht gleichzeitig für die Organisation tätig sind. Sie werden in Fragen der persönlichen Haftung, für ehrliche Zweitmeinungen oder rechtliche Auseinandersetzungen mit der Organisation angerufen.

3. Unabhängiger Financier

Unternehmerische Ideen müssen finanziert werden. Da wo klassische Finanzquellen wie Banken versiegen, weil zu kurzfristig Geld benötigt wird, keine oder nicht genügend Sicherheiten vorliegen, die Konzepte noch nicht komplett ausgearbeitet sind oder noch unter strengster Vertraulichkeit im engsten Kreis finanziert werden muss, kommen unabhängige Financiers ins Spiel.

Executives haben sich mit unabhängigen Financiers vernetzt, um sich diese unternehmerischen Spielräume offenzuhalten. Sie kennen die Präferenzen und Möglichkeiten dieser Financiers, damit sie schnell bei passenden Deals auf sie zugehen können.

4. Strohmann

Durch einen gewissen Bekanntheitsgrad ist es einem Manager nicht immer möglich, Geschäfte direkt selbst anzubahnen. Der Manager vertritt eine Organisation, die vielleicht thematisch vorbelastet ist oder eine gewisse Linie verkörpert, die nicht jedem potenziellen Geschäftspartner geheuer ist. Ein Executive rekrutiert für diese Zwecke in seine Geheimarmee unabhängige Geschäftsleute und Unternehmer, die für solche Geschäftsanbahnungen als Strohmänner fungieren können.

Natürlich geht es dabei nicht um den potenziell illegalen Charakter einer Strohmannfunktion, vielmehr geht es um eine Art Vorhut in einen neuen Geschäftsbereich, den man aus strategischen Gründen noch nicht gegenüber anderen Stakeholdern bekannt machen kann.

5. Externe Advokaten

„Der Prophet im eigenen Lande ist nichts wert." Der biblische Leitsatz ist im geschäftlichen Umfeld aktueller denn je. Auch wenn das eigene fachliche Wissen, die Erfahrung und die Kontakte überlegen sind, braucht es in gewissen Fällen eine externe Instanz, die den eigenen Kurs gegenüber der Organisation und der breiten Öffentlichkeit bestätigt. Es ist viel leichter, sich auf eine externe Bestätigung zu berufen, statt konkrete und überprüfbare Argumente vorzutragen.

 „An dieses heikle Thema lasse ich nur meine Jungs ran. Wenn Du den Auftrag ausschreibst, weiß nachher die ganze Branche von diesem Problem."

Executives halten daher engen Kontakt zu möglichen externen Advokaten für ihre eigene Sache. Das können zum Beispiel Personen aus dem akademischen Umfeld, bekannte Persönlichkeiten aus Gesellschaft, Kultur oder Politik, aber auch der Vorgänger im Amt, ja bis hin zu Wettbewerbern oder Kunden sein. Auch diese Kontakte werden gepflegt und sind Teil der Geheimarmee, damit sie bei Bedarf aktiviert werden können, um den Executive in seinem Handeln als externe Advokaten zu bestätigen.

Die verschiedenen Mitglieder der Geheimarmee decken zwar unterschiedliche Funktionen und Fachbereiche ab, sie haben aber eine wichtige Gemeinsamkeit: Sie genießen maximal eine Nischenbekanntheit und sind nicht einem breiten Publikum bekannt. Viele von ihnen sind auf diese Einsätze spezialisiert und halten sich aus diesem Grund auch bewusst aus der Öffentlichkeit heraus. Sie erhalten somit ihren eigenen Mehrwert und stärken die Schlagkraft der Geheimarmee des Executives.

Teil V
Der Executive
als **Persönlichkeit**

25 Bleib offen und kritikfähig

- Kritikunfähige Manager sind eine große Gefahr für ihre Organisationen. Sie demotivieren ihre Mitarbeiter, wertvolle Impulse für die Organisation zu geben und auf drohende Gefahren hinzuweisen.
- Der Executive fordert seine Mitarbeiter deshalb aktiv dazu auf, seine Meinung zu hinterfragen und mit ihm bessere Lösungen für die Organisation zu finden.
- Trotzdem soll der Executive selbst eine starke Meinung haben und diese leidenschaftlich vertreten, jedoch kombiniert mit Offenheit und Kritikfähigkeit.

Wenn es um die Fähigkeit geht, sowohl strategische als auch operative Sachverhalte in der Organisation richtig einzuschätzen, diese zu interpretieren und daraus Maßnahmen abzuleiten, genießt der Manager in der Regel einen hohen Vertrauens- oder Glaubensvorschuss gegenüber seinen Mitarbeitern und in gewissen Fällen auch gegenüber anderen Stakeholdern wie etwa Dienstleistern, Kunden oder auch Lieferanten. Viele gehen automatisch davon aus, dass das übergreifende Wissen und die umfassende Erfahrung des Managers eine bessere Grundlage für die

Einschätzung solcher Dinge sind als der eigene Background. Auch die Autorität des Managers spielt meist eine Rolle, und viele trauen sich nicht, eine abweichende Meinung in einer Diskussion zu vertreten.

Dieses Gefühl der Mitarbeiter wird noch zusätzlich verstärkt, wenn der Manager von sich aus vor allem die eigene Meinung als die richtige betrachtet und auf fremde Impulse oder gar Kritik sehr empfindlich reagiert. An diesen Managern prallt Kritik einfach ab, auch wenn diese durchaus berechtigt, sinnvoll und sogar konstruktiv ist. Sie können nicht souverän mit Kritik umgehen und gehen gerne einmal so weit, dass sie Kritiker sogar verunglimpfen und attackieren. Kompetente Mitarbeiter werden so in die Enge getrieben und demotiviert. Sie unterlassen aus Angst vor Bestrafungsmaßnahmen künftige Kritik, selbst wenn offensichtliche Missstände vorherrschen oder sogar Gefahren drohen.

Eine solche Kultur ist für eine Organisation fatal. Denn die Annahme, der Manager sei allwissend, ist grundsätzlich falsch. Je größer und komplexer die Organisationen werden, desto weniger kann der Manager alles wissen. Das ist auch weiter nicht schlimm, wenn er sich wie der Executive als Wissensmanager versteht und das Wissen seiner Mitarbeiter richtig vernetzt. In so geführten Organisationen sind die Mitarbeiter die sachkundigen Personen. Als solche müssen sie befähigt und gefördert werden, auch ihrem Vorgesetzten zu widersprechen. Sie müssen berechtigt sein, eigene Fakten zu nennen und ihre eigenen Schlüsse daraus zu ziehen. Unterschiedliche Meinungen werden ausdiskutiert und Bedenken offen angesprochen.

Der Executive ist deswegen darauf bedacht, stets offen und kritikfähig zu bleiben. Er signalisiert seinen Mitarbeitern und anderen Stakeholdern unmissverständlich, dass er ihren Input nicht nur schätzt, sondern sogar benötigt, um die

Organisation erfolgreich zu führen. Dabei achtet er besonders auf die fünf folgenden Aspekte:

1. Aktiv einfordern

Einfach nur insgeheim für sich eine offene und kritikfähige Einstellung zu pflegen, reicht nicht für einen guten Austausch mit den Mitarbeitern aus. Der Executive kommuniziert daher klar und offen seine Erwartung an die Mitarbeiter, seine Meinung zu unterschiedlichsten Themen zu challengen. Und zwar proaktiv und nicht erst, wenn sie dazu aufgefordert werden.

 „... das ist meine Meinung – jetzt interessiert mich Ihre."

2. Dankbar sein

Die unmittelbare Reaktion auf artikulierte Kritik ist der kritische Moment in diesem Ansatz. Der Mitarbeiter darf sich nicht davor fürchten, Kritik zu üben. Sachliche und konstruktive Kritik muss zur Tagesordnung gehören. Eine trotzige Gegenattacke ist daher auf jeden Fall tabu. Der Executive bedankt sich daher erst mal für jegliche Kritik und zeigt seine Wertschätzung. Er reflektiert laut seine eigenen Gedanken zu der Problemstellung und fragt, wenn nötig, die Gedankengänge des Gegenübers ab. Er zeigt damit, dass er sich mit Kritik wirklich auseinandersetzt.

3. Gemeinsam weiterdenken

Der Executive nutzt des Weiteren den Austausch mit seinem Kritiker gleich als Gelegenheit, zusammen bessere Lösungen für die kritisierte Situation zu entwickeln. Er fragt nach, liefert selbst neue Ideen, hinterfragt die alternativen Vorstellungen des Kritikers. So entsteht ein wirklich konstruktiver Dialog, und aus der Kritik folgt eine Verbesserung der Situation.

4. Kritiker offen loben und fördern

Um seinen Wunsch nach Kritik nachhaltig zu betonen, lobt und fördert er Personen, deren Kritik seine persönliche Performance und die der Organisation tatsächlich weiterbringt. Er rühmt diese Personen als Querdenker und gute Challenger. Damit spornt er auch andere Personen an, ebenfalls in diesen Kreis aufsteigen zu wollen. Außerdem geht er aktiv auf diesen Kreis zu und pitcht seine neuesten Ideen, um ihre Meinung einzuholen. Auf diese Weise wird die Kritik als eine Art fester Programmpunkt in der Entscheidungsfindung des Executives gewürdigt.

5. Entscheidungen erklären

Trotz aller Offenheit für Kritik bleibt am Ende des Tages der Executive derjenige, der die finalen Entscheidungen fällt. Er hat das letzte Wort und folgt dabei auch gerne mal nicht den Empfehlungen seiner Kritiker. Es kann viele Gründe dafür geben. Entweder ist seine persönliche Meinung schon so gefestigt, dass er vom fremden Input nicht überzeugt ist, oder er erhält unterschiedliche Inputs von verschiedenen Kritikern und muss sich für eine Richtung entscheiden.

In diesen Fällen achtet der Executive darauf, dass er seine Entscheidungen nicht einfach nur kurz und knapp verkündet, sondern auch begründet. Das ist wichtig für die Motivation seiner wertvollen Kritiker. Sollte er sich zwar Kritik anhören, dann aber unbegründet doch anders entscheiden, wirkt das sehr demotivierend. Liefert er aber eine einleuchtende Erklärung mit dazu, wird auch eine unbeliebte Entscheidung akzeptabel. Der Executive sieht dies als eine Bringschuld von seiner Seite.

Dieses Mindset darf jedoch nicht falsch interpretiert werden. Der Executive darf nicht orientierungslos wirken oder aus allen Problemstellungen eine demokratische Übung machen. Der Executive muss als Führungskraft eine Richtung vorgeben. Deshalb soll er natürlich auch eine starke Meinung zu den Dingen haben und diese leidenschaftlich vertreten. Das ist sehr wohl geboten, muss aber kombiniert werden mit einer Offenheit gegenüber anderen Meinungen und Kritikfähigkeit hinsichtlich der eigenen Meinung. So entstehen die besten Lösungen für die Organisation.

26 Vertrete Deine Werte

- Das persönliche Wertesystem des Executives ist ein wichtiger Orientierungspunkt für seine Entscheidungen und dadurch auch eine Basis für seine Glaubwürdigkeit und Integrität.
- Jede Person hat individuelle Werte. Sie beschreiben, welche Ziele und Einstellungen die Person für die Gemeinschaft als erstrebenswert erachtet.
- Der Executive kommuniziert seine Werte offen gegenüber seinen Stakeholdern, verändert sie nicht während kritischer Entscheidungsphasen und zieht sie, wenn nötig, auch seinem persönlichen Vorteil vor.

Sich ausführlich mit seinem persönlichen Wertesystem zu beschäftigen, ist eigentlich nicht etwas, das man in der Regel mit Managern verbindet. Dies zeigt sich erstens in der öffentlichen Debatte über kritische Entscheidungen oder auch über das Verhalten oder die Rhetorik von Managern. Ihnen wird das Vorhandensein von Werten gerne einfach mal generell abgesprochen. Das gilt zweitens auch in der internen Wahrnehmung. Viele Manager werden von ihren Mitarbeitern als mechanisch, strikt sachlich und nicht als werteorientiert wahrgenommen. Beides greift zu kurz, denn der Executive stützt sein Wirken sehr wohl auf ein ausgeprägtes persönliches Wertesystem.

Der Begriff „Werte" ist dabei neutral. Er beschreibt die persönlichen Ziele und Einstellungen, die eine Person für die Gemeinschaft als erstrebenswert erachtet. Unterscheiden sich diese Werte vom Betrachter, wäre es falsch, sich gegenseitig ein Werteverständnis abzusprechen. Werte sind individuell und unterscheiden sich daher von Person zu Person. So macht auch jede Person den Fokus seiner Werte mit sich selbst aus. Klassische Orientierungspunkte sind Moral, Politik oder Religion. Insbesondere, wenn es um Werte für das Funktionieren einer Organisation geht, orientieren sie sich auch an Arbeit, Leistung oder den Auswirkungen des eigenen Handelns auf das Umfeld.

Die Werte des Executives sind sein Kompass, mit dem er die Organisation navigiert. Sie helfen ihm, seine vielen Entscheidungen zu treffen. Natürlich trifft er Entscheidungen nicht nur aufgrund seiner Werte. In erster Linie sind die Fakten relevant. Die Werte geben ihm jedoch einen zusätzlichen Orientierungspunkt. Sie definieren vor allem auch rote Linien, die im Zweifel höher als die Fakten gewichtet werden. Die Werte sind damit auch die Basis für die Glaubwürdigkeit und Integrität des Executives gegenüber seinen Stakeholdern. Weil er mit seinen Werten argumentiert und damit für diese auch als Persönlichkeit steht, wird er von allen verstanden und ist berechenbar, selbst wenn man nicht gleicher Meinung sein sollte. Seine Werte helfen ihm, Vertrauen und Verlässlichkeit zu schaffen. Er kann klarer seine Meinung vertreten und andere davon überzeugen.

Um mit seinem persönlichen Wertesystem anderen Menschen gegenüber als Manager mit hoher Glaubwürdigkeit, Integrität, Berechenbarkeit, Vertrauen und Verlässlichkeit wahrgenommen zu werden, beachtet der Executive die drei folgenden Punkte:

1. Kommunikation

Der Executive kommuniziert seine Werte offen und proaktiv. Er möchte die wichtigen Stakeholder in seinem Umfeld von seinen Werten überzeugen und sie dafür gewinnen. Nur wenn er seine Werte teilt, werden sie großflächig in der Organisation angewendet und entfalten damit einen größeren Effekt. Außerdem sind die Werte des Executives auch die Basis für seine Entscheidungen. Um eben gerade berechenbar und verlässlich zu sein, muss er seine Werte transparent darlegen, damit sie bei kritischen Entscheidungen auch als Grundlage genannt werden können und entsprechend anerkannt werden.

2. Konstanz

Die Werte des Executives dürfen sich nicht laufend verändern oder anders interpretiert werden. Würde er Werte als Grundlage für seine jeweiligen Entscheidungen nennen, aber immer nur dann, wenn dies gerade vorteilhaft ist, kann er dafür keine Glaubwürdigkeit oder Verlässlichkeit erwarten. Er muss geradlinig sein und darf seine Werte nicht anpassen, wie der Wind gerade weht. Das würden seine Stakeholder sofort erkennen.

Natürlich entwickelt sich der Executive als Persönlichkeit auch laufend weiter. Neue Erfahrungen schaffen neue Erkenntnisse. Vielleicht wird er durch eine andere Person, eine inspirierende Lektüre, ein aufschlussreiches Gespräch oder eine ereignisreiche Reise auf neue Gedanken und neue Werte gebracht. Das ist nicht falsch. Natürlich darf er sich und damit auch seine Werte weiterentwickeln. Der wesentliche Unterschied liegt jedoch im Zeitpunkt. Ändert sich das Wertesystem während einer kritischen Phase, in der die Werte eigentlich der sichere Kompass sein sollten, ist das problematisch. Wird der Kompass aber in einer persönlichen Orientierungsphase neu justiert, kann das durchaus positiv für die Entwicklung des Executives sein.

„Jedes Teammitglied wird bei uns mitgezogen. Wir lassen niemanden zurück. Das gilt besonders in schwierigen Phasen wie gerade jetzt."

3. Konsequenz

Auch als Führungskraft kann man seine Werte nicht immer und überall vollumfänglich durchsetzen. Man ist immer abhängig von verschiedenen Stakeholdern. Auch der Executive muss in solchen Situationen Kompromisse eingehen. Er hat jedoch seine persönlichen roten Linien. Wenn eine Organisation und ein Kollegenkreis systematisch und längerfristig Entscheidungen treffen, die seine Werte verletzten, zieht er seine Konsequenzen. Entweder schafft er es, die verantwortlichen Kollegen, vielleicht auch Mitarbeiter, auszuwechseln, um die Organisation gemäß seinen Wertvorstellungen führen zu können. Oder, wenn er dies nicht schafft, er zieht die ultimative Konsequenz und verlässt die entsprechende Organisation. Lieber verzichtet er auf seinen persönlichen Vorteil, als dass er seine Glaubwürdigkeit und Integrität langfristig aufs Spiel setzt.

Die Werte des Executives müssen schließlich etwas sehr Persönliches sein. Er muss wirklich daran glauben und für sie einstehen, damit sie unverhandelbar bleiben und auch in letzter Konsequenz umgesetzt werden. Sein Umfeld würde sehr schnell bemerken, wenn seine Werte nicht echt und nur gespielt sind. Daher ist Authentizität in diesem Feld absolut essenziell.

27 Wirke nahbar

- Der Umgang mit Hierarchie wird von Managern unterschiedlich gestaltet. Einige ziehen Kraft aus einer aufgesetzten Distanz zu den Menschen ihres Umfelds, während andere einen sehr freundschaftlichen Führungsstil pflegen.
- Das Ziel des Executives ist es, sowohl eine hohe Sympathie als auch großen Respekt und Akzeptanz als Führungskraft zu erlangen. Beides steht nicht in Konkurrenz zueinander.
- Er erreicht sein Ziel, indem er durch unterschiedliche Verhaltensroutinen auf sein Umfeld nahbar wirkt und auf eine aktive Distanzierung verzichtet.

Führung ist zwangsläufig mit Hierarchie verbunden. Jede Organisation hat zuallererst einmal in der Beziehung zwischen Mitarbeitern und Vorgesetzten eine gewisse Hierarchie. Zudem gibt es in der Geschäftswelt noch eine Reihe weiterer hierarchischer Beziehungen. Je nach Machtverhältnissen ist die Hackordnung in die eine oder andere Richtung ausgerichtet. Der Kunde etwa ist in der Regel König und sitzt damit am längeren Hebel. Wenn aber ein Produkt oder eine Dienstleistung sehr einzigartig und selten ist, kann durchaus auch einmal der Lieferant König sein. Auch etwa bei Aktionären ist vielleicht ein Kleinaktionär einem Vorstand gegenüber sozial eher unterstellt, während die Situation bei einem großen Ankeraktionär genau umgekehrt ist.

In welche Richtung das Pendel auch immer schwingt, Manager müssen Hierarchie sinnvoll managen. Der Umgang mit der Hierarchie wird dabei sehr unterschiedlich interpretiert. Viele Manager setzen auf eine gewisse Distanz und damit auch eine gewisse Unnahbarkeit, um selbstbewusst führen zu können. Dies wird ihnen gerne mal als arrogant und hochmütig ausgelegt. Andere Manager versuchen sich mit einer komplett gegenteiligen Herangehensweise. Sie glorifizieren flache Hierarchien und pflegen einen sehr freundschaftlichen Führungsstil. Diese Methode birgt die große Gefahr, dass sie die Akzeptanz als Führungskraft und ein Stück weit auch den Respekt verlieren. Außerdem ist die Enttäuschung bei unbeliebten Entscheidungen der Manager viel höher, wenn sie sich vorher mehr als Freund denn als Vorgesetzten ausgegeben haben.

Der Executive pflegt daher einen differenzierten Umgang mit Hierarchie. Sein Ziel ist es, bei seinen Mitarbeitern und anderen hierarchisch unterstellten Stakeholdern sowohl eine hohe Sympathie als auch großen Respekt und Akzeptanz als Führungskraft zu erlangen. Die Sympathie ist dabei klar von einer Freundschaft zu unterscheiden, wo es keine klaren Rollen zwischen Führung und Geführten gibt. Die Hackordnung bleibt unmissverständlich klar. Der Executive ist der Chef.

Die beiden Ziele stehen nicht in Konkurrenz zueinander. Nur wenn man die Sympathie billigerweise durch Gesten der Freundschaft zu erhaschen versucht, leiden in der Konsequenz der Respekt und ultimativ die Akzeptanz als Führungskraft. Es gibt auch andere Wege, die einen Menschen sympathisch machen, ohne dass diese gleich mit einer Freundschaft verbunden sein müssen. Der Schlüssel ist, als Führungskraft nahbar zu wirken und gleichzeitig als Vorgesetzter erkennbar zu bleiben. Der Executive setzt dabei auf folgende vier Verhaltensroutinen:

1. Präsenz zeigen

Damit ein Manager auf andere Menschen überhaupt nahbar wirken kann, muss er diesen Menschen bekannt und vertraut sein. Sie müssen wissen, mit wem sie es zu tun haben, wie er spricht und sich verhält, wie er auf sie zugeht und mit ihnen diskutiert. Dabei reicht es nicht, nur bei den wichtigen Veranstaltungen anwesend zu sein, sich ansonsten im Büro zu verkriechen und von da aus per E-Mail oder Telefon zu kommunizieren. Der Executive legt großen Wert darauf, Präsenz zu zeigen, damit er allen relevanten Personen persönlich bekannt ist.

Präsenz zu zeigen ist grundsätzlich keine Hexerei. Es fängt damit an, auf abgrenzende Privilegien zu verzichten. Einige Organisationen kennen immer noch separate Kantinen, Parkplätze, Eingänge, Fahrstühle und vieles mehr für ihre Führungskräfte. Der Executive schafft diese Privilegien ab oder vermeidet zumindest, diese zu nutzen. Denn gerade darin liegt der Unterschied im Mindset. Der Executive zeigt Präsenz, indem er am sozialen Leben der Organisation teilnimmt. Er geht in dieselbe Kantine, ist morgens auch verspätet im Büro, wenn die Bahn wieder einmal Verspätung hat, macht beim Wichteln vor Weihnachten oder beim Tippspiel während der Fußball-Weltmeisterschaft mit. Er ist integraler Bestandteil der Gruppe und nicht etwa ein mysteriöses Anhängsel.

2. Körperkontakt suchen

Im Berufsleben beschränkt sich der Körperkontakt grundsätzlich auf das Händeschütteln. Alles was darüber hinausgeht, ist in der Regel kritisch. Das gilt besonders, wenn es um das andere Geschlecht geht oder im Kontakt mit anderen Kulturen. Der Executive ist daher sehr zurückhaltend. Eine Ausnahme ist es, wenn beispielsweise eine Umarmung vom Gegenüber initiiert wird oder in einem gewissen Umfeld üblich ist. In diesen Fällen gibt sich der Executive gerade eben nicht unnahbar, sondern erwidert die Gesten des Gegenübers.

Sein Fokus liegt jedoch beim – immer erlaubten – Händeschütteln. Der Händedruck des Executives dauert immer eine gute Sekunde länger, als das Gegenüber erwarten würde, und er wird mit einer wohlwollenden persönlichen Aussage oder Erwartung begleitet: „Endlich können wir uns wieder einmal austauschen." „Schön, dass wir uns wieder einmal sehen." Oder: „Lassen Sie uns gleich mal noch über Ihr spannendes Projekt sprechen." Zusätzlich zeigt der Executive besonderen kollegialen Respekt, wenn er zum Händedruck zusätzlich mit der anderen Hand kurz auf den fremden Oberarm klopft. Besondere Wertschätzung drückt er aus, indem er seine andere Hand auf die Oberseite der fremden Hand legt. Mit diesen gut eingespielten Routinen schafft es der Executive, gleich zu Beginn eines Gesprächs eine respektvolle Nähe zu seinem Gegenüber aufzubauen.

3. Passende Gesprächsthemen wählen

Zwischen dem Executive und seinen Mitarbeitern oder anderen Stakeholdern gibt es üblicherweise ein gewisses soziales Gefälle. Das betrifft das verfügbare Einkommen, umfasst aber auch die Interessen, Sorgen und Nöte beider Seiten. Diese Unterschiede befördern eine gewisse Distanz, was dem Ziel des Executives, als nahbare Person zu wirken, schadet. Wenn er in Gesprächen nur über den letzten Segeltörn oder die hohe Belastung durch die Grundstücksteuer auf das Ferienhäuschen sprechen würde, wäre das natürlich falsch.

Doch es gibt genügend Gesprächsthemen, die beide Seiten ungeachtet des sozialen Gefälles beschäftigen. Das sind natürlich immer die praktischen Fragestellungen der Organisation. Hinzu kommen eine Reihe anderer Themen von Fußball über die nervige Autobahn-Baustelle bis hin zu Geschichten über die Kinder. Der Executive sucht bewusst diese Gesprächsthemen, die ihn selbst durchaus beschäftigen, bei denen er auch Sorgen äußern und Emotionen zeigen kann, die zudem aber auch ähnliche Gefühle beim Gegenüber auslösen. Das Teilen von Ärger, Sorgen und Ängsten schafft eine Schicksalsgemeinschaft und schweißt zusammen.

4. Bescheiden bleiben

Manager werden gerne mit der Zurschaustellung von Statussymbolen verbunden. Zu Recht, weil viele dies tun. Sie prahlen mit ihren neuesten Errungenschaften aus der Welt des Konsums oder mit ihren Privilegien in der Organisation. Obwohl sie selbst davon überzeugt sind, damit ihre eigene Position zu stärken, bewirken sie genau das Gegenteil. Sie werden als Angeber wahrgenommen, ihr Charakter wird infrage gestellt und sie werden als Führungskraft nur widerwillig akzeptiert.

Der Executive achtet daher grundsätzlich auf einen eher bescheidenen Auftritt. Das verbietet ihm nicht, ein luxuriöses Auto zu fahren, sich eine Uhr mit Komplikationen zu kaufen oder an exklusiven Orten Urlaub zu machen. Der Unterschied liegt in der Intention und damit auch in seinem täglichen Umgang damit. Wenn sich der Executive solche Dinge leistet, dann tut er dies, weil er selbst Freude daran hat, und nicht, um sie dem Umfeld vorzuführen. Im Gegenteil, er vermeidet es gar tunlichst, mit Statussymbolen identifiziert zu werden. Stattdessen möchte er als verantwortungsvolle und selbstbewusste, aber eben auch als bescheidene Führungspersönlichkeit wahrgenommen werden.

Die beschriebenen Verhaltensroutinen sind sehr simpel und mögen für viele auch ganz logisch sein. Trotzdem meiden viele Manager eben genau solches Verhalten. Sie unterliegen dem Trugschluss, sich aktiv von ihren Mitarbeitern und hierarchisch unterstellten Stakeholdern distanzieren zu müssen. Aus der Distanz schöpfen sie vermeintlich die Kraft, ihre hierarchische Position richtig auszufüllen. Ihr Verhalten wirkt auf die Menschen deswegen nicht nur arrogant und hochmütig, sondern wird oft auch als Schwäche interpretiert. Viele Menschen durchschauen die künstlich erzeugte Distanz aus Allüren und Statussymbolen, womit diese Manager auch den Respekt und die Akzeptanz als Führungskraft verlieren. Das eigentliche Ziel dieses Verhaltens wird somit ins Gegenteil gedreht.

28 Zeige Größe bei Niederlagen

- Persönliche Niederlagen gehören genauso zum Manageralltag wie die Erfolge. Jeder Manager muss regelmäßig kleinere und manchmal auch größere Niederlagen einstecken.
- Der professionelle Umgang mit den persönlichen Niederlagen ist entscheidend dafür, ob der Manager wirklich geschwächt oder sogar gestärkt aus der Situation hervorgeht.
- Der Executive zeigt bei Niederlagen Größe, indem er – geleitet durch seine Werte und Prinzipien – mit proaktiver Kommunikation die Niederlage einordnet und nach vorne blickt.

Jeder Manager muss in seiner Karriere regelmäßig Niederlagen einstecken. Auch wenn manche suggerieren, ihre eigene Karriere sei eine einzige Erfolgsstory, ist das in Wahrheit falsch. Niederlagen gehören genauso zum Manageralltag wie die Erfolge. Es gibt die kleineren, alltäglichen Rückschläge wie etwa die verlorene Abstimmung in einem Gremium, die Verzögerung eines kritischen Projekts oder die schlechte Performance eines Geschäftsbereichs. Und dann gibt es natürlich auch die großen, wirklich karrierekritischen Niederlagen, wie etwa die deutliche Dezimierung des eigenen Verantwortungs- und Machtbereichs bis hin zur Kündigung durch die eigenen Vorgesetzten.

Ob die Niederlage selbst verschuldet ist oder extern verursacht wurde, mag für die persönliche Motivation eine große Rolle spielen. Das Umfeld aber nimmt hauptsächlich die Niederlage als solche wahr und verbindet diese persönlich mit dem Manager. Die Ursache spielt also in der Regel – wie übrigens auch bei Erfolgen – eine zweitrangige Rolle. Entscheidend für die Wahrnehmung des Managers ist daher, wie er mit der Situation umgeht. Die Niederlage ist geschehen und kann nicht rückgängig gemacht werden. Danach spielt nur noch der Umgang damit eine Rolle. Man kann die Situation noch weiter verschlechtern oder, wenn richtig gemanagt, sogar gestärkt aus einer Niederlage hervorgehen. Der Executive schafft Letzteres, indem er professionell mit Niederlagen umgeht und Größe zeigt. Er vergisst seine Werte und Prinzipien nicht. Im Gegenteil, sie sind die entscheidende Grundlage, um gestärkt aus einer persönlichen Niederlage hervorzugehen.

Der Schlüssel für einen erfolgreichen Umgang mit persönlichen Niederlagen ist die eigene Kommunikation. Es wäre falsch, sich wegzuducken und die Kommunikation anderen zu überlassen. Der Executive geht proaktiv vor, um die Deutungshoheit über die Situation zu behalten und später nicht in Erklärungsnot zu geraten. Nach einer Niederlage ist vor dem nächsten Erfolg. Seinen Werten und Prinzipien entsprechend, ordnet er seine Kommunikation mit den folgenden drei Elementen richtig ein:

1. Objektive Reflexion

Jede positive und negative Entwicklung in der Organisation hat einen bestimmten Ursprung. Nichts passiert einfach nur plötzlich oder unbegründet. Grundsätzlich antizipiert der Executive alle Entwicklungen und versucht, seine Organisation und sich selbst in dem gegebenen Umfeld sinnvoll zu positionieren. Als Stratege beispielsweise hat er einen Blick auf seinen Markt, seine Wettbewerber, seine Kunden und sucht in diesem Gefüge die beste strategische Stoßrichtung. Als Leader, Rhetoriker und Netzwerker koordiniert er seine persönliche Agenda mit seinem personellen Umfeld von Mitarbeitern, Vorgesetzten und Geschäftspartnern.

„Ich habe die Risikobereitschaft meiner Vorstandskollegen einfach falsch eingeschätzt. Obwohl wir die hohen Investitionssummen gemeinsam so geplant hatten, haben sie im kritischen Moment einen Rückzieher gemacht."

Eine Niederlage ergibt sich dann, wenn in diesem sehr systematischen Ansatz eine Annahme falsch getroffen, ein entscheidender Aspekt schlicht außer Acht gelassen oder eine eigentlich wichtige Maßnahme doch nicht ergriffen wurde. Der Executive reflektiert bei einer Niederlage zusammen mit seinen Gesprächspartnern erst mal sehr objektiv, welche Faktoren anders als erwartet oder nicht wie gewünscht zu der Niederlage geführt haben. Was genau ist passiert? Welche Annahme ist nicht eingetroffen? Und vor allem: Was machen wir das nächste Mal anders? Auf diese Weise kann er sehr selbstkritisch sein, verliert aber durch seine analytische Reflexion nicht sein Gesicht und kann sich so weiterhin als kompetente Führungskraft positionieren. Außerdem gibt diese Art von Kommunikation dem Executive die Möglichkeit, glaubwürdig seine Version der Story zu kommunizieren, ohne die Situation einfach plump schönzureden.

2. Persönliche Emotionen
Der Executive erfüllt seine Führungsaufgabe mit viel Leidenschaft und Freude. Natürlich ärgert es ihn, wenn etwas

nicht klappt, wenn er eine Niederlage einstecken muss. Er darf und soll diese Gefühle auch zeigen. Würde eine Niederlage einfach an ihm abprallen und keine Emotionen auslösen, könnte man seine Reaktion auch als mangelndes Interesse oder schlicht als kalte Gefühllosigkeit interpretieren. Der Executive muss für seine persönliche Agenda brennen, und das beinhaltet in besonderem Maße auch seine Emotionen bei Niederlagen.

Doch das Zeigen von Emotionen bei Niederlagen ist ein schmaler Grat. Besondere Vorsicht ist geboten, wenn etwa seine Niederlage der Erfolg eines anderen ist oder wenn er klar einen Fehler gemacht hat. Während er Enttäuschung über eine Niederlage oder sogar Wehmut zeigt, versinkt er aber nicht darin und richtet seinen Blick auch immer in die Zukunft. Anderen gegenüber bleibt er fair und, besonders wenn andere zu Recht auf seine Kosten gewinnen, zeigt sogar eine gewisse Demut. Das zeigt Größe und stärkt ihn, obwohl er sich in dem Moment hinter andere stellt.

3. Back-up-Plan

Der Executive ist ein Stehaufmännchen. Persönliche Niederlagen verarbeitet er emotional sehr schnell. Vor allem aber macht er Niederlagen seinem Umfeld gegenüber und nicht zuletzt auch für sich selbst in kurzer Zeit vergessen, indem er seinen Fokus schnell auf ein neues Thema legt, um dort auch bald erste kleine Erfolge feiern zu können.

Dafür hält sich der Executive schon in guten Zeiten einen kleinen Back-up-Plan bereit. Was, wenn dieser Job, diese Aufgabe nicht gut läuft? Was kommt dann? Das kann etwas innerhalb oder außerhalb der Organisation sein. Eine Idee, die bisher nicht verwirklicht wurde. Eine Rolle, die man bisher noch nicht eingenommen hatte. Wieso nicht einmal etwas Unternehmerisches machen? Oder umgekehrt als Unternehmer in der Linie in einer fremden Organisation arbeiten? Ist vielleicht der Moment gekommen, sich auf die

Beratungs- und Aufsichtsratsmandate zurückzuziehen? Und ja, auch ein Sabbatical kann eine sehr gute Option sein, sich neu zu erfinden. Der Executive hält sich diese Optionen als Ideen im Hinterkopf, um dann bei Bedarf sich schnell einer neuen Herausforderung widmen zu können.

Abschließend zeigt sich damit nicht nur, dass kommunikativ gut gemanagte persönliche Niederlagen der Positionierung des Executives sogar helfen können, sondern auch, dass sie Quelle von neuen Chancen und Herausforderungen sein können. Viele gute Ideen und Vorhaben werden nicht umgesetzt, weil sie gegenüber der komfortablen aktuellen Situation als zu risikoreich eingestuft werden. Hat man aber diesen Komfortbereich einmal durch eine Niederlage verloren, fehlt dieser Vergleich, und neue Herausforderungen werden in Angriff genommen – in vielen Fällen sogar mit noch größerem Erfolg.

29 Achte auf Dein Aussehen

- Das Aussehen eines Managers wird von seinen Stakeholdern aufmerksam beobachtet und interpretiert. Äußerlichkeiten werden zwangsläufig auch auf die Organisation projiziert.
- Der Executive nutzt diesen Umstand aus, um mit dem gezielten Bruch von Konventionen, wie etwa dem Dresscode, seine persönliche Agenda für die Organisation zu unterstreichen.
- Mit charakteristischen Merkmalen in seinem Aussehen stärkt er zudem sein eigenes Profil und schafft es damit, einen Wiedererkennungseffekt bis hin zu einer persönlichen Trademark zu generieren.

Die Manager einer Organisation werden von ihren Mitarbeitern sowie auch von vielen anderen Stakeholdern sehr genau beobachtet. Jede Aussage, jedes Verhalten und jede Handlung werden aufmerksam registriert. Dazu gehört auch ihr äußeres Erscheinungsbild. Die meisten Menschen scannen die Manager sorgfältig ab und bemerken genau, wenn etwas im Aussehen auffällig oder anders ist. Das gehört dann auch häufig zum Gesprächsthema: „Hast Du gesehen, dass sie seit gestern diesen Pin am Revers trägt.

Was bedeutet das?" „Der Chef trägt neuerdings Krawatte. Wird er demnächst befördert?" „Heute kam er viel später als üblich und nur in Jeans ins Büro. Weißt du, wo der war?"

Als Repräsentant der Organisation nach innen und nach außen ist ihr Manager zwangsläufig ein wichtiges Aushängeschild. In der Wahrnehmung der Stakeholder läuft in dieser Funktion wohl oder übel vieles über Äußerlichkeiten. Das äußerliche Erscheinungsbild des Managers wird automatisch auf die Organisation projiziert. Wird der Manager also beispielsweise durch oberflächliche Faktoren wie ordentlich geputzte Schuhe und einen perfekt gebundenen Krawattenknoten als korrekt und verlässlich wahrgenommen, hat dies eine direkte Wirkung auf die Wahrnehmung der Organisation.

Ein „Mismatch" von Manager und seiner Organisation fällt dabei auch sofort negativ auf. Kleidet sich der Manager etwa perfekt nach allen üblichen Konventionen mit Anzug und Krawatte, führt aber ein innovatives Jungunternehmen, passt das nicht zusammen. Umgekehrt kann ein Manager nicht in Jeans und Hoodie auftreten, wenn er ein Traditionsunternehmen führt.

Dass sein Aussehen Einfluss sowohl auf seinen persönlichen Erfolg als auch auf die Wahrnehmung der gesamten Organisation hat, akzeptiert der Executive als zwangsläufigen Bestandteil seines Jobs. Mehr noch, er versucht, sein äußeres Erscheinungsbild für seine Zwecke einzusetzen. Das Aussehen alleine kann keinen messbaren Effekt erzielen, es kann aber unterstützend seine strategische Richtung und das, wofür er steht, unterstreichen. Er setzt dabei auf die folgenden zwei Spielarten:

1. Bewusstes Brechen der Konventionen

Wenn es um das persönliche Aussehen geht, hat jede Organisation sowie auch jede Branche oder „Szene" ihre eigenen

Konventionen. Sie sind meist sogar irgendwo schriftlich festgehalten. Viele Organisationen geben beispielsweise einen offiziellen Dresscode für ihre Mitarbeiter vor. Etwas schwieriger wird es, wenn es um die ungeschriebenen Konventionen geht, die natürlich genauso wichtig sind. Man muss sie erkennen und richtig deuten. Ist etwas eine wirkliche Regel oder einfach nur eine häufige Beobachtung? Gehört ein gewisses Stilmittel wirklich zu meinem Umfeld oder ist es von woanders entlehnt? Der Executive studiert diese Punkte sehr genau und hat ein klares Bild darüber, welche Konventionen für ihn gelten.

Grundsätzlich hält der Executive die für ihn geltenden Konventionen in der Gestaltung seines Äußeren konsequent ein. Er setzt damit das Signal, dass er dazugehört und selber ein fester Bestandteil des Umfelds ist. Es kann jedoch auch sinnvoll sein, an gewissen Stellen mit den Konventionen ganz bewusst zu brechen. Dieser Bruch löst im Umfeld eine hohe Aufmerksamkeit aus, mit der die persönliche Agenda des Executives bildstark unterstrichen werden kann. Ein Bruch mit einem Teil der Konventionen kann beispielsweise einen Handlungsbedarf oder einen Kulturwandel betonen. Die Konventionen gut zu kennen, ist dafür absolut essenziell. Nur dann kann man den Effekt eines Bruchs damit richtig einschätzen.

2. Kreation einer persönlichen Trademark

Der Executive ist auf vielerlei Ebenen darum bemüht, mit einer unverkennbaren Positionierung sein persönliches Profil zu schärfen, zum Beispiel in seinem Führungsstil, in seinen fachlichen Methoden oder in seiner Rhetorik. Sein äußeres Erscheinungsbild ist als ein für alle Stakeholder einfach erkennbares Ausdrucksmittel seiner Persönlichkeit ebenfalls ein wichtiges Element für diesen Zweck.

Er definiert dafür charakteristische Merkmale für sein Äußeres, womit er sein persönliches Profil unterstreichen möchte. Diese Merkmale können sehr auffällig sein, wie beispielsweise ein jeweils überdurchschnittlich farbiges Outfit, ein besonderer Haarschnitt oder ein auffälliges Accessoire. Je nach Persönlichkeit des Executives kann das individuelle Merkmal aber durchaus auch viel subtiler gewählt werden, wie etwa ein spezieller Schnitt eines Kleidungsstücks oder eine markante Brille. Wichtig ist jedoch, dass das Merkmal konsequent in seinem Äußeren integriert wird, um damit einen klaren Wiedererkennungseffekt zu generieren. Dieser suggeriert den Stakeholdern eine Konstanz und Verlässlichkeit, die den Wert des Profils des Executives zusätzlich unterstützen. Manche Executives gehen bei der Gestaltung ihres Äußeren sogar so weit, dass sie einen persönlichen „Einheitslook" kreieren und sich fortan täglich gleich kleiden. Sie machen damit aus sich selbst eine unverkennbare Trademark.

Plötzlich tragen alle Sneakers

In diesem Traditionsunternehmen war es über Jahrzehnte selbstverständlich, dass auf der Führungsetage nur in Business-Kleidung verkehrt wird. Das Outfit durfte nicht auffällig sein, doch der unausgesprochene Dresscode sollte konsequent eingehalten werden. Die Manager haben dies natürlich immer getan und sich auch ein Stück weit damit identifiziert.

Nun zwingen Umwälzungen am Markt das Unternehmen in eine einschneidende Transformation. Die Digitalisierung nagt am alten Geschäftsmodell, eröffnet jedoch auch neue Chancen, die man aber tatkräftig ergreifen muss. Ohne Veränderung wird das Unternehmen langfristig nicht überleben.

> Ein neuer CEO wird in das Unternehmen geholt, um die notwendige Transformation herbeizuführen. Und er bricht gleich am ersten Arbeitstag mit einer Tradition: Er betritt die Führungsetage mit einfachen Sneakers. Natürlich fällt dies allen auf und löst unter den Managern hinter vorgehaltener Hand große Diskussionen, ja sogar Abwehrhaltungen aus.
>
> Doch der CEO bleibt seinem persönlichen Outfit treu – auch wenn er über längere Zeit zumindest äußerlich fast als Fremdkörper in der Organisation wahrgenommen wird. Doch mit der Zeit und vor allem mit fortschreitender Transformation gibt es eine Angleichung. Der CEO holt einige neue, junge Manager in das Unternehmen. Viele davon tragen ebenfalls ganz selbstverständlich Sneakers zur Arbeit. Auch ein paar der bisherigen Manager verändern ihr Äußeres und passen sich dem Kleidungsstil des CEO an.
>
> Heute sieht man in der Chefetage mehr Sneakers als schwarze Lederschuhe. Die Transformation ist geglückt, nicht etwa, weil jetzt die Mehrheit andere Schuhe trägt. Doch hat das äußere Erscheinungsbild des CEO die wirklich handfesten Maßnahmen der Transformation auf subtile Art und Weise begleitet und somit zu einem Kulturwechsel bei den Mitarbeitern beigetragen.

Das Aussehen des Executives kann also die persönliche Agenda in der Organisation unterstützen und das eigene Profil schärfen. Am anderen Ende läuft er allerdings Gefahr, sich mit äußerlichen Statements zu stark von seinen wichtigsten Stakeholdern zu entfernen. Je stärker er sich von ihnen im Aussehen differenziert, desto eher wirkt er unnahbar und abgehoben.

Der Executive setzt daher dieses Mittel maßvoll ein und versucht, die Waage zwischen Differenzierung und Nähe zu halten. Er muss sich bei allem, was er tut, nicht nur Gedanken machen, was für einen Effekt er damit erzielen möchte, sondern auch, welche Nebeneffekte es geben kann. Wenn Letztere überwiegen, sollte er versuchen, seine Ziele mit anderen Mitteln zu erreichen. Wichtig ist dabei immer, dass sein Aussehen auch passend zu seiner Position ist und er als Chef klar erkennbar bleibt.

30 Finde einen Ausgleich

- Ein Ausgleich zu Beruf und Karriere ist eine wichtige Basis für den Erfolg des Executives. Nur wenn Kopf und Körper regelmäßig abschalten und durchatmen, kann er neue Energie für die Herausforderungen seiner Rolle tanken.
- Viele Manager schaffen es nicht, einen echten Ausgleich zu finden, weil dieser entweder zu eng mit Beruf und Karriere zusammenhängt oder weil sie sich schlicht nicht genügend Zeit dafür nehmen.
- Der Executive schafft es, einen Ausgleich zu haben, weil er ihn von sich selbst aktiv und bewusst einfordert.

Dieses Kapitel steht bewusst am Ende dieses Buches. Über 29 Kapitel hinweg wurde beschrieben, wie der Executive jeden Schritt in seinem beruflichen, aber eben auch privaten Leben den Zielen seiner Karriere und dem Wohl seiner Organisation opfert. Nicht ein Aspekt seines Lebens scheint unberührt von diesen Motiven zu sein: Familie – bitte als Botschafter einsetzen. Urlaubsziele – bitte nach dem Netzwerk ausrichten. Neuer Job – bitte 100 Tage auf Privates verzichten. Wortwahl – bitte nur mit eigener Sprache kommunizieren. Wohnort – bitte an Mitgliedern des Clubs orientieren.

Ernsthaft? Muss man für den persönlichen Erfolg nun wirklich sein ganzes Menschsein opfern? Nein.

Auch der Executive hat ein rein privates Leben neben seinem Beruf und seiner Karriere. Das ist keine Selbstverständlichkeit. Viele Manager verzichten nämlich tatsächlich darauf. Sie tun dies entweder bewusst, weil sie sich davon einen größeren persönlichen Erfolg versprechen. Andere Manager verzichten unbewusst, weil sie sich von ihren Kunden oder ihren Vorgesetzten, ja sogar von ihren eigenen Mitarbeitern dazu treiben lassen. Beides ist falsch.

Dem Executive gelingt es hingegen, einen echten Ausgleich zu seinem beruflichen Leben zu finden, weil er dies von sich selbst hartnäckig einfordert. Er schafft sich aktiv und bewusst einen „Ruheplatz" in seinem Leben, der für seine Familie und seine Freunde, vor allem aber auch für ihn persönlich reserviert ist. Das ist nicht einfach und verlangt einen hohen Grad an Selbstdisziplin. Folgende vier Aspekte berücksichtigt er dabei:

1. Kontrastprogramm finden

Der Ausgleich muss es dem Executive erlauben, die Sorgen und Probleme seines Arbeitsalltags, aber auch sein Standing in der Organisation vergessen zu können. Ein paar wenige Stunden soll er an etwas anderes denken können, um danach mit frischem Elan und neuen Gedanken wieder durchzustarten. Damit dies funktioniert, muss sich der Ausgleich in möglichst vielen Aspekten vom Beruf unterscheiden. Er muss in eine andere Welt eintauchen, um abschalten zu können.

Da die meisten Führungsrollen sehr kopflastig und büroraumgebunden sind, sucht der Executive einen Ausgleich, den er im Freien ausübt und der mit viel Bewegung verbunden ist. Auch eine hohe Reisetätigkeit im Beruf sollte man damit kompensieren, dass man für seinen Ausgleich nicht auch noch an entfernte Orte reisen muss. Weil der Executive in seinem Berufsleben Vorgesetzter und von vielen Menschen umgeben ist, macht es auch Sinn, dass er in seinem Ausgleich ganz auf sich alleine gestellt ist oder sich gar zum Beispiel in einem Sportclub von jemand anderem führen lässt. Der Ausgleich darf den Executive durchaus sozial, intellektuell oder körperlich fordern, ohne dass ihn das nebst Beruf zu stark belasten würde, solange nicht die gleichen Aspekte wie im Beruf abgefordert werden.

2. Personelle Überschneidungen mit Beruf kappen

Viele mögliche Optionen für einen Ausgleich zu Beruf und Karriere eignen sich allerdings deswegen nicht, weil sie sich mit Personen aus der Organisation oder dem Netzwerk überschneiden. Der Executive hat seine Rolle als Führungskraft und Netzwerker so stark verinnerlicht, dass er dies bei einem Aufeinandertreffen nicht einfach abschalten könnte. Daher ist es für ihn besser, einen Ausgleich zu haben, bei dem er gar nicht erst in Versuchung gerät.

Natürlich kann niemand verhindern, dass er auch bei einem sehr sorgfältig ausgewählten Ausgleich da und dort mal einen Bekannten trifft. Das ist auch weiter nicht schlimm. Es soll jedoch eine wirklich strukturelle Überschneidung komplett ausgeschlossen werden. Klassiker dafür wären beispielsweise Golfen, Segeln oder Tennis. Man trifft dort fast zwangsläufig auf Kollegen und Netzwerkkontakte. Der Executive beschäftigt sich unter Umständen auch mit diesen Tätigkeiten. Sie laufen dann aber eher unter Networking und zählen zumindest nicht voll als Ausgleich.

Gut gewählter Ausgleich

- Das abgeschiedene Fischerhäuschen an einem See in der Nähe. Der Executive kann es auch mal nur für eine Stunde besuchen. Das Handy hat dort keinen Empfang. Keine Menschenseele weit und breit. Er angelt, manchmal fängt er was, manchmal geht er leer aus. Es ist egal.
- Fallschirmspringen ist Adrenalin pur. Von Absprung bis Landung sind es zwar nur wenige Sekunden. Doch die reichen dem Executive, um für einen Moment alles zu vergessen und neue Energie zu tanken. Die Sprünge macht er ganz spontan. Er hat auch schon mal einen in einer Mittagspause gemacht.
- Noch im Studium war der Executive in einer Rockband. Heute nach 20 Jahren hat sie sich wieder zusammengetan und jammt jeden Dienstagabend im Keller einer alten Brauerei. Teilnahme ist Pflicht. Die anderen Bandmitglieder verstehen nicht, was er beruflich macht. Sie wollen es auch nicht verstehen, sondern es interessiert sie nur, dass er seine Riffs immer noch draufhat.
- Das Rezept für den Alpkäse hat der Executive von seinem Großonkel geerbt. Immer am letzten Donnerstag im Monat fährt er zu einem befreundeten Bergbauern und produziert fünf Kilo davon. Die beiden verstehen sich gut, obwohl sie kaum ein Wort zusammen sprechen. Sie konzentrieren sich, jeder für sich, auf die Arbeit.
- Sein Garten ist sein Refugium. Der Executive hat ihn so angelegt, dass er viel darin arbeiten kann, aber auch mal zwei Monate nichts zu machen braucht. So kann er sich je nach Bedarf eine unterschiedliche Dosis von diesem Ausgleich verabreichen – manchmal ein ganzes Wochenende, manchmal halt nur eine halbe Stunde nach Feierabend.

3. Bewusst Zeit reservieren

Die Zeit ist in einer Führungsposition bekanntlich das knappste Gut. Man könnte theoretisch in jedes Thema noch mal etwas mehr Zeit investieren, versuchen, etwas noch mehr zu optimieren, einer Problemstellung noch tiefer auf den Grund gehen. Doch der Executive muss Prioritäten setzen. Das tut er so im beruflichen Alltag, indem er vieles an seine Mitarbeiter delegiert und sie dazu befähigt, möglichst eigeninitiativ zu arbeiten. Er setzt aber auch Prioritäten, wenn es um den Anteil des Ausgleichs in seinem Zeitbudget geht.

Wenn er darauf spekulieren würde, dass an gewissen Tagen etwas Restzeit übrig bleibt, die er dann in seinen Ausgleich investieren kann, käme er nie dazu. Das wäre illusorisch. Stattdessen plant er sich proaktiv Zeit in seinem Kalender dafür ein. Diese Zeiten sind fest geblockt und können nicht durch geschäftliche Termine, wirklich Wichtiges ausgeschlossen, verdrängt werden. In der reservierten Zeit erlaubt er sich, sich komplett auszuklinken. Das beinhaltet etwa auch, sein Handy auszuschalten oder sonstige Unterbrechungen zu verhindern.

4. Nichts aufschieben

Eine große Gefahr liegt darin, seinen persönlichen Ausgleich auf eine „ruhigere Zeit" in der Zukunft zu schieben. Vielleicht hat man kürzlich eine neue Position übernommen, sich selbstständig gemacht, oder die Organisation geht gerade durch eine turbulente Transformation. Dann schiebt man den Ausgleich gerne mal in den (noch nie realisierten) Sabbatical oder sagt sich generell: „Wenn ich dann in Rente gehe, habe ich ja genug Zeit." Doch gerade in diesen Zeiten wäre es falsch, auf einen Ausgleich zu verzichten, weil man gerade aus ihm neue Energie schöpft, um die Herausforderungen erfolgreich zu meistern. Ein Aufschieben schmälert die eigene Performance.

Trotzdem gibt es einen Zielkonflikt zwischen vollem Einsatz für die Organisation und dem Bedürfnis nach einem Ausgleich. Der Executive fokussiert sich in diesen Situationen auf viele kleinere Zeitfenster für seinen Ausgleich, statt dass er das große Vorhaben – die Weltreise, den Umbau des Ferienhäuschens oder den Jakobsweg – auf den Nimmerleinstag schiebt.

Den Zeitaufwand für den Ausgleich soll sich der Executive nicht leisten können, sondern er soll ihn sich leisten wollen. Sein Kopf und sein Körper müssen abschalten und durchatmen können. Das ist ein Bedürfnis von jedem Menschen. Nur so gewinnt man an neuer und frischer Kraft, um dann wiederum in Beruf und Karriere Erfolge feiern zu können. Der singuläre Arbeitsmensch schafft es nicht, nachhaltig Leistung zu bringen. Daraus ergibt sich, dass der Ausgleich nicht in Konkurrenz zur Arbeit, sondern komplementär dazu steht. In diesem Sinne steht nun dieses Kapitel als Gegenstück zu den vorhergehenden Kapiteln. Der erfolgreiche Executive balanciert beides für sich ausgewogen aus.

Der Autor

Niklaus Leemann ist selbstständiger Strategy Advisor für das Top Management namhafter Unternehmen. Der Fokus seiner Arbeit ist die langfristige strategische Entwicklung dieser Unternehmen. Dabei liegen seine Beratungsschwerpunkte in den Bereichen Unternehmens- und Geschäftsfeldstrategie, Geschäftsmodelle, M&A, Organisationsentwicklung, Reorganisation und Transformation. Sein internationaler Kundenkreis umfasst große Mittelständler bis hin zu börsennotierten Konzernen verschiedener Branchen.

Leemann hat zuvor als Management Consultant komplexe internationale Strategie- und Organisationsprojekte in der Position eines Vice President einer renommierten Unternehmensberatung geleitet. Sein Studium der Betriebswirtschaft mit Schwerpunkt marktorientierte Unternehmensführung sowie in Wirtschaftsjournalismus hat er an der Universität St. Gallen und der Nanyang Business School, Singapur abgeschlossen.

www.leemann.ch